系统响应参数优化方法及其在水文模型中的应用

赵丽平　邢西刚　著

中国水利水电出版社
www.waterpub.com.cn
·北京·

内 容 提 要

本书通过对目标函数结构以及对参数优选所提供的信息进行分析，阐明概念性流域水文模型局部优值存在的本质原因，提出了新的优化算法和策略，旨在能够快速有效地获得稳定的、物理意义合理的全局参数优值。全书共分为5章：第1章介绍了研究背景和意义、自动优选方法和目标函数的国内外研究进展以及研究内容和技术路线；第2章以误差平方和目标函数为例阐明了常用的幂次方目标函数对参数优化提供的信息存在众多不合理性，并对系统响应参数率定方法理论体系进行了介绍；第3章构建了三个水文模型（XAJ模型、NAM模型、HBV模型）的理想模型，对系统响应参数优化方法进行了验证，并与Simplex方法和SCE-UA方法进行了对比研究；第4章介绍了系统响应参数率定方法在多个模型、多个实际流域应用的检验效果；第5章对全书加以总结并提出未来的展望。

本书可供从事水文水资源、水利工程和水利信息化等相关专业的科学工作者和工程技术人员参考，也可作为上述专业的大学本科生和研究生的教学参考书。

图书在版编目（CIP）数据

系统响应参数优化方法及其在水文模型中的应用 / 赵丽平，邢西刚著. -- 北京 : 中国水利水电出版社，2019.11

ISBN 978-7-5170-8103-6

Ⅰ. ①系… Ⅱ. ①赵… ②邢… Ⅲ. ①水文模型－参数分析 Ⅳ. ①P334

中国版本图书馆CIP数据核字(2019)第247562号

书　名	**系统响应参数优化方法及其在水文模型中的应用** XITONG XIANGYING CANSHU YOUHUA FANGFA JIQI ZAI SHUIWEN MOXING ZHONG DE YINGYONG
作　者	赵丽平　邢西刚　著
出版发行	中国水利水电出版社 （北京市海淀区玉渊潭南路1号D座　100038） 网址：www.waterpub.com.cn E-mail：sales@waterpub.com.cn 电话：(010) 68367658（营销中心）
经　售	北京科水图书销售中心（零售） 电话：(010) 88383994、63202643、68545874 全国各地新华书店和相关出版物销售网点
排　版	中国水利水电出版社微机排版中心
印　刷	天津嘉恒印务有限公司
规　格	170mm×240mm　16开本　7.5印张　147千字
版　次	2019年11月第1版　2019年11月第1次印刷
定　价	**42.00**元

前言

模型结构和参数是水文模型的核心组成部分。研究及应用表明，流域水文模型中，在模型结构确定之后，模型参数的确定就变得较为重要。除物理模型和一些能用经验方法估计的参数外，参数估计都是利用优化方法从目标函数曲面上获取参数估计的信息。目前应用最多的目标函数是误差平方和目标函数，而本书通过对其结构以及对参数优选所提供的信息进行分析，发现误差平方和目标函数为参数优化提供的信息存在众多不合理性，并发现参数函数曲面比目标函数曲面更简单，可为参数优化提供更直接有效的信息，从而提出了一种直接在参数函数曲面上寻找优值的系统响应参数优化方法，并对其进行了多角度、多方面验证。该方法在多个模型、多个实际流域进行了实际应用检验，并取得了较好的应用效果。本书的主要创新点和特色成果如下：

(1) 提出了一种新的参数优化方法——系统响应参数率定方法(System Response Parameter Calibration Method，SRPCM)。经研究发现，误差平方和目标函数为参数优化提供的信息存在众多不合理性，而参数函数曲面比目标函数曲面为参数优化提供的信息更直接有效。从而利用因变量增量与参数之间存在的系统响应关系将非线性函数线性化，提出了基于参数函数曲面的系统响应参数率定方法，并对方法的收敛性进行了证明。该成果改变了传统最优化方法在目标函数曲面上寻找参数的理念，找到了直接在参数函数曲面寻找参数的捷径，有效解决了传统优化的主要问题，使得寻优过程既快速又有效。

(2) 构建了三个概念性水文模型的理想模型（XAJ 模型、NAM 模型和 HBV 模型），首次将系统响应参数率定方法在这三个模型中进行多角度性能检验，并与 Simplex 方法和 SCE - UA 方法进行了对比分析研究。经验证，系统响应参数率定方法在三个模型中都可以较快速并且稳定地收敛到参数真值，不受参数初值选择的影响，不同参数维数对其影响也皆较小。相比 Simplex 方法和 SCE－UA 方法，其稳定性、精度以及率定效率皆表现最优。

（3）首次在多个模型、多个不同规模的实际流域进行了应用检验。通过不同尺度的实际流域的验证，可以看出系统响应参数优选方法简便易于实现，而且可行有效，在实际流域具有一定的应用价值，且对于不同尺度流域均适用，值得进一步推广应用。

由于作者水平有限，书中难免存在不足之处，恳请读者批评指正。

著者

2019 年 9 月于北京

目 录

第1章

绪　论

1.1　研究背景和意义

水文模型是模拟水文现象、研究水文规律的有效工具，现被广泛应用于水资源系统优化管理中，是实时洪水预报调度系统的核心部分，为水资源评价、开发利用和管理等提供理论基础。按照构建的基础模型可分为物理模型、概念性模型和黑箱子模型。其中概念性水文模型是目前应用最多的模型，比如XAJ（新安江）模型、垂向混合产流模型、NAM模型、HBV模型等。模型结构和参数是概念性水文模型的核心，其中模型结构描述了流域降雨径流形成的客观水文规律，模型参数则反映了流域的水文特性。水文模型参数一般可分为三类：①具有明确物理意义的参数，可直接通过量测或用物理关系或物理实验推求；②纯经验参数，可通过实测资料反求；③具有一定物理意义的经验参数，可先按其物理意义确定参数范围，再按照实测资料确定具体参数值。

在模型结构确定之后，模型应用成功的关键在于模型参数的选择[1]。因此，识别合理有效的模型参数尤为重要。因为水文模型参数不仅具有一定的物理意义，还有推理、概化的成分，所以目前还不能完全根据其所代表的物理意义推算模型参数值，在实际应用中一般依据观测的历史水文气象资料对参数进行率定。参数率定是根据特定的目标函数，确定一套固定的寻找参数法则，然后依据该法则，可以筛选出模型参数值。

最早的率定方法是人工率定，也叫人工试错法。人工率定的参数能够获得较好的模拟效果，但该过程过分依赖于调试人员，需要调试人员具有丰富的经验以及对模型结构的全面了解，不同的调试人员可能获得不同的参数值，主观性较强，而且没有客观的标准来判断优选过程什么时候达到最优，所得到的解是否为参数最优值也不可知，这些缺点致使人工试错法传承性不高。

随着计算机技术的发展，参数自动率定方法应运而生，这类方法依据一定的数学优化法则通过自动计算寻优，确定参数最优值。只需事先给定优化准则和参数初始值就可以自动完成整个寻优过程。这类方法寻优速率快，寻优结果客观，可大大节约人力、物力，降低模型应用成本，有利于模型的进一步推广及应用研究。Dawdy 和 O'Donnell 可以说是自动率定方法研究的捷足者，1965 年他们在《水力学》杂志上发表了第一篇关于概念性水文模型参数自动率定的文章[2]。经过 50 多年的发展，模型参数自动率定的研究日益完善。但是 Bardossy 和 Singh 指出，到目前为止没有任何一种算法能够有效解决水文模型中参数优化的问题[3]。模型参数率定一直是一个十分复杂且困难的问题[4]，其原因在于模型参数率定常表现出高维、多峰值、非线性、导数非连续、带噪声等特征，这些特征的综合效应极大地影响了目标函数响应曲面的形状。这些复杂特征主要体现在以下三个方面[5]：

(1) 水文模型的不确定性。水文模型的不确定性是指：①水文过程本身就是一个不确定的过程，即一个随机过程；②水文模型只是一种复杂的随机过程的概化和简化，是对系列“平均”情况的一种近似模拟。

(2) 水文模型高维与高度非线性特征。传统参数率定方法对于处理线性、低维模型等问题较为成熟，但对于大多数高维、高度非线性水文模型应用效果较差。虽然一些非线性优化方法可供使用，但总体来说还不很成熟，在实际中应用较少。

(3) 水文模型庞杂的信息类型。水文系统通常既含有大量的确定性信息，又有众多不确定性信息，如模糊性信息、随机性信息、混沌性信息、灰色信息等，而且在水资源缺乏或受人类活动影响剧烈的地区以及在水资源工程的运行与管理中，常遇到很难用精确数值来表示的信息，通常是以经验型语言、规则或知识的形式体现。传统优选方法对于这类信息参数已不能妥善处理。

因此，众多水文学者对上述复杂特征做了大量深入研究，可概括为以下几个方面：①优化算法的研究以及优化算法之间的比较研究；②参数优化过程中有效信息挖掘的研究，包括怎样处理实测数据中的误差以及选择什么样的数据、选择多少数据进行参数率定；③不确定性研究，主要是模型结构和参数的不确定性对模型输出的影响研究；④优化算法收敛准则的研究；⑤目标函数的研究，包括单目标之间的比较研究以及多目标研究等。

尽管水文学者对于参数率定做了大量研究，但是模型参数率定的困难依然存在[6-9]。关于模型参数率定需认清一个问题，究竟什么才是参数率定的目标？是获得一组稳定、符合物理意义可以很好地反映流域物理机制的参数值？还是获得一组能使模型模拟计算结果与实测系列拟合很好的参数值（这里指的是率定期）？显然，两者同样重要，如果一种方法可以同时注重这两方面固然可取。但目前大多数的率定方法都更重视后者，这样做的风险是优选的参数值可能在率定期模拟效果较好，但用于预报可能表现很糟糕[10]。对于概念性流域水文模型，要想获得一组稳定的、唯一的全局优值，虽然不能说是不可能的，但也是非常困难的。这是由概念性流域水文模型本身的非线性结构特征所决定的，而且目前参数优选方法大都是依据目标函数所提供的参数率定信息，在目标函数曲面上寻找参数优值。常用的目标函数一般是幂次方函数，其中以误差平方和为最多[3, 11-15]，然而这种寻优策略正是众多局部优值存在以及优选结果不稳定的根本原因。本书的目的是阐明概念性流域水文模型局部优值存在的本质原因，并借助于这一理解和新的发现提出新的优化算法和策略，旨在能够快速有效地获得稳定、物理意义合理的全局参数优值。

1.2 国内外研究进展

1.2.1 自动率定方法研究

参数率定发展到现阶段，方法众多，可分为传统优化方法和现代优化方法，但基本思路一致：都是根据指定的目标准则，确定一套参数寻找法则，率定出模型参数值，使得率定参数值代入模型得到的计算结果在给定的目标准则下最优[11]。因此无论哪种优化方法，其基本寻优步骤相似，见图 1.1。

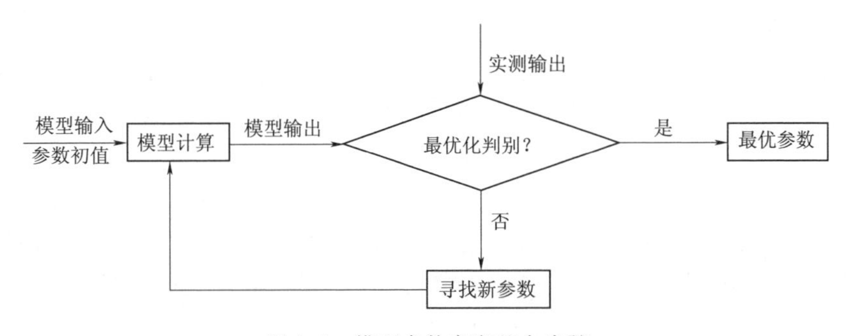

图 1.1 模型参数率定基本步骤

1.2.1.1 传统优化方法

传统优化方法可以有效处理单峰值的优化问题，对于多峰值优化问题通常找到的是局部优值。按照搜索策略和方法的不同，传统优化方法可分为四类：枚举法、直接法、梯度法和随机法。

枚举法的搜索策略是对参数域内的所有点都进行目标函数值的计算与比较，从而找出最优解。枚举法的寻优方式最简单、计算量也最大。其面临的主要问题是“维数灾”，寻优效率不高。而且只适用于参数域是有限集合的情形。

直接法的搜索策略是从一个初始点出发，然后通过探测、模式移动或者通过反射、延伸、收缩、减小棱长等手段寻找参数优值，通过比较目标函数的大小，来确定下一步的寻优方向，直至满足终止条件。可见，在直接法中只需要目标函数值的信息，目标函数的导数无须计算，搜索策略相对简单，而且计算量也不大。但若模型中有较多的参数或者目标函数性态较差，搜索效率与精度通常不高。直接搜索法的代表有 Rosenbrock 法[16]、模式搜索法[17]和单纯形（Simplex）法[18]。

梯度法的搜索策略是从一个初始点出发，然后依据目标函数减小的梯度方向来确定下一步寻优方向，直至满足终止条件找到最优点。这里的梯度是目标函数的一次导数。因此梯度法除了要计算目标函数值还要计算其导数值。梯度法采用的策略是“最速下降”方式，即沿着最陡的方向向最优点移动。但如果目标函数呈现多峰，用梯度法找到全局最优点将非常困难，率定结果也会不稳定；而且对于不可导问题或变量较多的可导问题，本方法将不再适用。常用的梯度方法有牛顿法[19-21]、最速下降法和 Powell 法[22]。

随机法[23-25]的搜索策略是在搜索方向上引入随机的变量，通过随机变量的大量抽样，得到目标函数的变化特性，使得算法在搜索过程中以较大的概率跳出局部最优点，但这种方法更适合于参数率定的早期阶段——获取参数初值阶段[26]。

由于传统优化方法相对简单、易于实现，在水文模型参数率定中得到了广泛的应用研究[6-8, 27-33]。1970 年，Ibbitt 对 9 种不同的局部优化算法进行了全面的比较研究，比较结果表明 Rosenbrock 法是最有效的。1976 年，Johnston 与 Pilgrim[7]使用了单纯形法[18]和变尺度方法[34]来率定 Boughton 模型[35]参数，研究结果表明，单纯形法要比变尺度方法更有效，更不易陷入局部优值。Sorooshian 和 Dracup[36]以及 Sorooshian 和 Arfi[37]用单纯形法率定了 Diskin 和 Simon 模型[15]。1983 年，Sorooshian 等[30]用模式搜索法对 SMA - NWSRFS 模型参数进行了优选。1985 年，Gupta 等[33]对牛顿法和单纯形法进行了比较研究，结果表明，两者的精度差不多，牛顿法要比单纯形法效率高，特别是参数维数较多的时候。这是因为基于导数的优化算法，在连续的目标函数响应曲面上有确定的寻找方向，即导数的梯度方向也是目标函数减小的方向，可以确定地减少模拟结果与实测系列之间的误差，而不是无方向的寻找，因此其优化速率快，节省计算时间。

但随着传统优化算法的应用，一些困难与问题也凸显出来。许多学者指出，传统优化算法无法解决很多问题[6-8, 30, 32]，例如目标函数响应曲面非线性造成的局部优值问题，参数间相关性导致的优化结果不稳定问题，优化算法适应目标函数响应曲面的能力问题等。1992 年，Duan 等[38]指定参数“真值”，人为生成了一些数据检验六参数水箱模型的参数识别问题，发现目标函数曲面上存在众多局部优值，并且传统优化算法无法寻找到参数“真值”，初值不同优化结果也不同。

上述传统优化算法被称为局部优化方法，优化结果与初始点选择有很大关系，常常是找出初始点附近的一些局部优值点，给定不同的参数初值，往往会得到不同的优选结果，致使参数率定结果很不稳定，因此采用上述传统优化方法优选出的参数值很难确定是否为全局最优[39,40]。这种参数优化的不稳定性和局部优选结果，将对水文过程的模拟精度和可靠性产生直接影响，从而影响到流域研究和水资源管理的合理性和科学性。

1.2.1.2 现代优化方法

由于传统优化方法用于水文模型参数识别的不稳定性以及局限性，国内外有关学者将数学上的现代优化方法用于水文模型的参数率定中。大多现代优化方法不是基于导数形式，而是基于生物学、物理学、人工智能、仿生或仿自然的优化算法，是一类以确定性信息与随机性信息相结合的寻优方法。现代优化算法包括基于物理学的模拟退火法（Simulated Annealing，SA）[41]、基于模拟人工智能的禁忌搜索法[42,43]、仿生和仿自然的遗传算法（Genetic Algorithm，GA）[44]、SCE - UA 方法[38,45]、粒子群优化方法（Particle Swarm Optimization，PSO）[46-50]、蚁群算法（Ant Colony Optimization，ACO）、并行算法以及人工神经网络算法[51]等。其中 GA 与 SCE - UA 方法最为常用。

（1）模拟退火法。模拟退火法的思想最早由 Metropolis 于 1953 年提出，在 1983 年被 Kirkpatrick 等学者成功引入优化领域，是一种求解大规模优化问题的高效率搜索算法。模拟退火法的思想来源于对固体退火降温过程的模拟，即固体加温至充分高，再徐徐冷却的过程。固体加热后，固体中原子的热运动不断增强，内能增大，随着温度不断升高，固体内部粒子变为无序状；冷却时，粒子随温度降低逐渐趋于有序，在每个温度下都达到平衡状态，最后在常温下达到基态，同时内能也会减为最小。对于优化问题，也有类似的过程，优化问题中解空间的每一个点都代表一个解，不同的解有不同的能量值。优化就是在解空间中寻找使能量函数也就是目标函数达到最小值（或最大值）的解。模拟退火法采用 Metropolis 接受准则[52,53]，利用退火进度表来控制算法的进程，其包含三个重要函数：生成函数、接收函数和退火时间表函数。如果生成函数采用不同的概率分布，模拟退火法的性能与搜索特点也会有较大不同。虽然模拟退火法已经过大量验证，较为成熟，但在使用前需要确定一定的参数和选项，如果设置的这些参数和选项不符合问题的特征，可能致使算法收敛速度过慢，甚至不能保证解的质量。因此这些参数的选择需十分注意，特别是时间表和发生函数。

（2）禁忌搜索法。禁忌搜索法属于局部邻域搜索算法的推广，并且是人工智能在组合优化方法中的一个成功应用。早在 1977 年，Glover 就提出了禁忌搜索概念，当时是将其应用到整数规划求解问题，直到 1989 年、1990 年

Glover才将禁忌搜索法的结构与方法完整提出[42,43,54]。禁忌技术是禁忌搜索法的核心。所谓禁忌就是禁止重复前面的工作。为了有效避免局部邻域搜索陷入局部极值点，利用禁忌表中的信息，在下一次搜索中不重复或者有选择性地搜索这些点，以此来跳出局部最优点。因此，禁忌搜索法充分体现了集中与扩散两个策略：①集中策略体现在局部搜索，即从一点出发，在该点邻域内搜索更好的解，以达到局部最优解而结束；②扩散策略是为了跳出局部最优解，以禁忌表的功能来实现。禁忌表中记录了已经到达过点的某些信息，算法通过对禁忌表中点的禁忌而到达一些没有搜索过的点，从而实现更大区域的寻优。但禁忌搜索法占用计算机存储量较大，效率较低。

（3）遗传算法。遗传算法又称基因算法，是不严格地建立在自然选择与进化论概念基础上的随机优化方法。该方法由美国密歇根大学的John H. Holland于1975年在其专著《*Adaptation in Natural and Artifical Systems*》中提出[44]，其搜索策略采用的是自然界的生物进化理论——适者生存，不适者淘汰。遗传算法求解问题的基本步骤是：从随机产生的一组初始解（称为群体）开始搜索；群体中的每个个体看作是问题的一个解，称为染色体；这些染色体在后续迭代过程中不断进化，称为遗传。遗传算法主要通过交叉、变异、选择运算来实现。交叉或变异运算生成下一代染色体，称为后代。染色体的好坏用适应度（即目标函数）来衡量。根据适应度数值的大小从上一代和后代中选择一定数量的个体，作为下一代群体，再继续进化，这样经过若干代进化后，算法收敛于最好的染色体，该染色体很有可能就是问题的最优解或次优解。遗传算法中包含一些初始设置变量，包括种群大小、遗传代数、交叉概率、变异概率，这些值的具体选择依具体问题而定[55]。

遗传算法具有良好的自适应优化能力，可以处理非解析式的目标函数和约束问题，因不受模型结构、参数数目、约束条件等限制，并具有灵活的算法配置和广度、深度搜索能力，得到越来越多的应用与研究。Wang[40]最早将遗传算法应用于概念性降雨-径流模型参数优选中；Franchini[56]将遗传算法与局部搜索算法相结合用于率定降雨-径流模型参数，经验证提高了遗传算法的效率；2009年其又在进行概念性降雨-径流模型参数的自动率定时，比较了几种模式下遗传算法的应用效果[57]；金菊良等[5]应用遗传算法进行水资源最优化分配的设计；毛学文[58]利用二进制编码的遗传算法进行了新安江模型的参数优选；1997年，Wang[59]又从另一个角度对水文模型的参数率定进行了研究，给定模型参数真值，利用人为生成的资料率定模型参数，然后观察遗传算法是否能够找到参数真值，并用实例检测其适用性和鲁棒性，结果表明，遗传算法可以近似地找到全局最优解，方法有效，但文中没有给出参数优化过程中算法参数设置及其收敛性问题。谭炳卿[60]以新安江模型为例，应用14个流域资料，对

Rosenbrock 法、改进的单纯形法和遗传算法优选模型参数的效果进行了比较分析。结果表明，遗传算法优化效果最佳，但收敛速度相对较慢。遗传算法虽是一种通用的有效求解参数优化问题的方法，但由于使用二进制编码，需要频繁的编码和解码，计算量较大；而且在很多情况下不是十分有效，容易出现过早收敛或者收敛较慢；其全局搜索能力强，但局部寻优能力较差，尤其对整个区域（包括边界）上的最优点搜索的遍历性较差，局部优化解质量不高[61]。因此，众多学者对遗传算法进行了改进研究。杨晓华等[62]在遗传算法中加入单纯形搜索算子和加速搜索算子提出了混合加速遗传算法，实例应用结果证明改进后的遗传算法区间好、速度更快、搜索解更准确。金菊良等[63]建立了加速遗传算法，并解决了最大流量频率曲线的参数优化问题。Cheng 等[64]结合遗传算法与模糊优化模型提出了新安江参数率定的新方法，有效解决了多目标参数优化问题并提高了率定效率。陆桂华等[65]通过在遗传算法中加入单纯形搜索算子及加速搜索算子，逐步调整参数变化区间，建立了单纯形混合加速遗传算法并取得了较好的应用效果。

（4）SCE－UA 方法。SCE－UA 方法是美国亚利桑那大学水文与水资源系段青云博士 1991 年在其博士论文中提出的[45]。该方法综合了确定性搜索、随机搜索和生物竞争进化等方法的优点，引入种群概念，复合形点在可行域内随机生成和竞争演化。简单地说，SCE－UA 方法就是开始时在参数可行域中引入随机分布的点群，将这些点群分成 p 个复合形，每个复合形包含 $2n+1$ 个点，每一个复合形都独立地根据下降单纯形法进行“进化”，定时地将整个群体重新混合在一起，并产生新的复合形，进化和混合不断重复进行直到满足给定的收敛准则为止。

该方法由于可以搜索到水文模型参数全局最优解[38,66]，解决高维参数的全局优化问题，被认为是连续型流域水文模型参数优选最有效的方法，在国内外流域水文模型参数优选中应用较为广泛。Sorooshian 等[4]采用 SCE－UA 方法和 MSX（Multistart Simplex）算法分别对 SAC－SMA 模型进行了参数率定，结果表明 SCE－UA 方法更有效，收敛效率更高。Kuczera[67]利用 SCE－UA 方法、GA 和 MSX 算法分别进行了水文模型参数优选的研究，对比结果表明，SCE－UA 方法鲁棒性更强，收敛效果更佳，遗传算法虽在进化的初始阶段可以较快地收敛，但当靠近最优解区域时却无法有效地搜索到最优解。宋星原等[68]将 SCE－UA 方法、遗传算法和改进的单纯形法应用于水文模型参数优选中，结果表明，SCE－UA 方法综合了遗传算法和单纯形法的优点，能全局一致、快速收敛到全局最优解。李致家等[69,70]利用 SCE－UA 方法优化新安江模型参数时发现算法的搜索精度受优化资料长度的影响，在通常资料质量情况下，算法要搜索到稳定的全局最优参数组通常需要 16 年以上的资料。

（5）粒子群优化方法。粒子群优化方法是由 Kennedy 和 Eberhart 于 1995 年提出的一种基于对鸟群捕食行为模拟的智能群集优化算法[46,71]。其基本思想为：在一个优化问题的解空间中，每一个解可被看作一个粒子，每个粒子都有一个自己的位置和速度，用于决定优化方向和距离，还有一个适应值（目标函数值）用来衡量粒子的优劣。粒子群优化方法首先在可行解空间内随机初始化一群粒子，构成初始种群，然后计算出相应的适应值以判断是否达到寻优目标，每个粒子通过迭代循环来更新各自的位置和速度。在每一次迭代中，粒子依靠跟踪两个“极值”来更新自己：一个是粒子本身找到的最优解，称为个体极值点；另一个是种群目前找到的最优解，称为全局极值点。但在粒子群优化方法运行过程中，当某一粒子发现一个当前最优位置，其他粒子将迅速向其靠近；若该位置以局部最优，粒子群就很容易陷入局部最优，过早收敛。为克服过早收敛现象，就需不断扩大搜索范围、增加种群的多样性。江燕等[72]将粒子群优化方法应用于新安江模型参数优选中，对人工生成的水文资料，粒子群优化方法可优选出模型参数真实值；对实测水文资料，通过与 SAGA 和 SCE－UA 方法比较，可看出粒子群优化方法的精度和计算效率更高。Kennedy 等[46]对粒子群优化方法中的惯性系数 ω 进行了改进，惯性建立了 ω_{min} 和 ω_{max} 的函数关系，改进后的惯性系数使粒子群优化方法的计算精度大幅度提高。江燕等[73]建立了并行种群混合进化的粒子群算法（PMSE－PSO）和序列主-从种群混合进化的粒子群算法（SMSE－PSO）。通过与 PSO 和 SCE－UA 方法的比较可看出，PMSE－PSO 和 SMSE－PSO 具有较高的计算效率、较强的自适应性和稳定性。朱良山等[74]引进混沌优化方法，构建了一种混沌粒子群算法（CPSO），对局部最优解在搜索空间上进行混沌迭代优化，改善和提高了基本粒子群算法的全局寻优性能和收敛速度。张文明等[75]在改进的粒子群优化方法基础上，引入存档群体和拥挤距离机制，构建了 PSO 的多目标优选方法，该方法综合考虑了水文过程的各要素，经验证比单目标优化结果模拟精度更高。

（6）蚁群算法。蚁群算法是由意大利学者 Dorigo 等根据对自然界中真实蚁群集体行为的研究成果而提出来的[76]。蚂蚁在觅食路径上会分泌一种化学物质——信息素。单个蚂蚁通过感知路径上的信息素强度按概率选择下一步的行进方向，而蚂蚁之间则通过感知和释放信息素完成简洁的信息传递。随着时间的增加，较短路径上的信息素含量越来越高，后续的蚂蚁则以较大概率选择短路径，同时算法引进了信息素挥发和更新机制，防止优化陷入局部最优。蚁群的这种自身催化过程形成的信息正反馈机制使其最终可以找到最短路径。蚁群算法在模型参数率定研究中也取得了很好的应用[77-79]，但是在构造解的过程中使用了随机选择策略，因此收敛速度较慢，容易早熟。

（7）并行算法。并行算法是提高算法效率的一个通用方法，上面介绍的

SCE-UA、GA 和 PSO 算法都隐含了并行处理的思想，比较容易实现。Liu 等[80]发展了一个以 PSO 算法为核心，以 SCE-UA 方法的主控流程为总体框架的并行优化算法（SCPSO），在该算法中，是以 PSO 方法取代了 SCE-UA 中的单纯形法，这样使整个算法的性能和效率得到了进一步的保证。武新宇等[81]在微机集群环境下，提出了并行遗传算法，并用于新安江模型参数优选中，经验证提高了参数优选的效率和求解质量，模型参数优选结果较为稳定。

综上，可以看出现代优化方法具有跳出局部最优达到全局最优的能力，在一定程度上解决了传统算法所不能解决的优化问题。但算法本身含有一些参数，而且算法属于在参数空间域内满天星的寻找，具有收敛缓慢或者过早收敛的现象。并且都是以确定性与随机性寻找信息相结合来寻优，无法证明所获得的参数值是否为全局最优，参数优化方法本身的收敛性也常难以证明[82-84]，只是概率意义上的收敛于全局优值。

1.2.2 目标函数研究

参数率定除物理模型和一些能用经验方法估计的参数外，都需要借助于优化方法从目标函数获取参数率定的信息，在目标函数曲面上寻找参数优值。为优化算法选择恰当的目标函数是参数识别的重要环节。Sorooshian[30]在其 1983 年的报告中指出，合适的目标函数可以有助于找到稳定合理的参数值，而且还能使参数率定结果对于资料的敏感度大大降低。因此如何选择合适的目标函数，获取较理想的函数响应曲面以及尽可能多地筛选有效信息加以利用是成功率定水文模型的关键问题。假设 $Q_{obs}=\{q_1, q_2, \cdots, q_n\}$ 是观测样本系列，$Q_{cal}(\theta)=\{q(\theta)_1,q(\theta)_2,\cdots,q(\theta)_n\}$是相应的模型计算输出系列，其中 θ 为参数。模型计算系列与实测系列之间的偏差可以表示为 $E(\theta)=F[Q_{obs}-Q_{cal}(\theta)]$，这里的函数 $F(\cdot)$ 可以对模型残差进行变形计算得到一个能够代表残差平均水平的标量，即为目标函数。模型参数率定的目标就是选择最优的参数 θ 使得目标函数最小（或者最大，取决于目标函数的定义）。

目前已提出的目标函数有很多，比如误差平方和（Simple Least Squares，SLS）、平均绝对误差（Mean Absolute Error），纳什系数（Nash-Sutcliffe Efficiency，NSE），洪峰偏差（Peak Difference，PDIFF）等，其中最常用的就是误差平方和目标函数[3,11-14]。以往参数优化一般以单目标进行寻优。1977 年，Diskin 和 Simon[85]采用了 12 种目标函数，并建立了选择目标函数的过程；1986 年，Green 和 Stephenson[86]更是列举了 21 个目标函数，总结得出每个单目标函数率定参数时所具有的问题；1986 年，包为民[87]对新安江模型参数优选的研究中指出模型中存在参数相关、结构相关，单靠单纯的单目标优化方法无法得到较好的优化结果。2008 年，Fenicia 等[88]分析了单目标优化问题的原因：①单目标函数可能会增大其反映的特定过程的实测误差，只是关注了水文过程的某些特征而忽略了其他同样重要的部分；②单个变量的残差总和掩盖或者低估了实测资料所蕴含的信息，无法全面地捕捉和利用所有的资料信息成分。例如洪水预报中除了要求径流量模拟精确，还要求峰现时间、滞时和洪峰流量模拟精确。单一的目标函数优化通常只能使该函数达到最优，而其他结果并不理想。

因此在进行参数优化时，运用多目标方法优化模型参数的行为是必要的。Boyle等[89]结合了多目标优化技术、专家知识及手动有效策略，最后采用计算机算法实现的方式，取得了比单一的加权聚合统计的方法更好的效果。Yu等[90]为提高传统目标函数性能，提出了模糊多目标函数方法，使得该方法能够适合于产流分布不均匀的流域。2010年，Li等[91]首次将多目标优化方法用于多站点率定，结果表明，多目标函数在信息利用上要明显优于单目标函数，但是也有其弊端。早在1996年Yapo[13]就指出多目标率定法最大的特征就是优化结果过多，不同的参数组合往往可以产生同样的效果，很难找到唯一的优化参数。如何在庞大的参数系列中找到最优的结果，是大家一直关心的问题。总结多目标函数法近30年的发展，其方法可以归纳为两大类：①不加取舍地将所有参数组合结果均作为样本；②根据需要加以取舍，挑选出能为所用的组合作为样本。第一种方法可以找到全局最优，但是在大量的单目标优化中往往无法收敛，而且当有较多目标函数时，计算成本和速率均不理想。第二种方法具有不完整的样本空间，可能无法找到全局优值，最终的优化结果可能某种程度上依赖于初始值的选择。

虽然目前的研究在优化策略、目标函数设计和选择上有很大进步，但是模型率定的困难依然存在。一个一直以来被忽略的问题是，在目标函数曲面上寻找参数优值，得到的率定结果不稳定的部分原因在于目标函数本身的数学特性，本书将在第2章将对目标函数进行详细分析。

1.3 研究内容与技术路线

1.3.1 研究的关键问题

（1）参数优化结果不稳定、收敛速度缓慢。优化算法可分为传统优化方法和现代优化方法，利用传统优化算法寻找参数优值，常常是找出初始点附近的一些局部优值点，给定不同的参数初值，往往会得到不同的优选结果，参数率定结果很不稳定，优选出的参数值很难确定是否为全局最优。现代优化方法具有跳出局部最优达到全局最优的能力，在一定程度上解决了传统算法所不能解决的优化问题，但算法本身含有一些参数，而且算法属于在参数空间域内满天星的寻找，具有收敛缓慢或者过早收敛的现象，并且是以确定性与随机性寻找信息相结合来寻优，同样无法证明所获得的参数值是否为全局最优，而且参数优化方法本身的收敛性也常难以证明。无论传统优化方法还是现代优化算法，一般都是在基于幂函数的目标函数曲面上寻找参数优值，最常用的为误差平方和目标函数。因此本书从误差平方和目标函数的结构和对参数估计能提供的信息分析入手，以发现目前参数优化方法所存在的本质性问题。研究发现，参数函数本身曲面比目标函数曲面更简单，可为参数优化提供更直接有效的信息，因而本书利用因变量增量与参数之间存在的系统响应关系将非线性函数线性化，提出了基于参数函数曲面的系统响应参数率定方法。该参数优选方法直接在参数函数曲面上寻找参数，不再像现有参数优选方法一样在目标函数曲面上寻找参数优值，而且方法的收敛性能严格地得到证明。

（2）方法的有效性、可行性验证。一种参数率定方法提出之后要经过多方面验证才可以被推广应用到实际中。要验证其是否可行有效，就在于这个方法是否能快速稳定地找到参数真值。但是实际中，模型参数真值往往是不知道的。为了解决这一问题，本书构建了理想模型，用于检验所提出的方法是否能找到参数真值。所谓理想模型是指模型的参数、输入、输出、误差皆为已知的模型。理想模型是检验新方法的重要手段，其可以突出事物的主要特性，排除一切不良影响，进而让研究人员专注于所要研究的对象本身。此外，实际模型的参数真值一般是不知道的，而理想模型的真值已知，通过应用研究可以判断优化方法是否可以找到模型的全局优值。

1.3.2 研究内容

本书主要内容如下：

（1）针对现有参数优化存在的问题，提出了系统响应参数率定方法。现有参数估计方法大都是在基于幂函数的目标函数曲面上寻找参数优值，最常用的是误差平方和目标函数。然而以误差平方和目标函数所提供的信息寻找参数优值，通常会致使不同初始值获得不同的参数优化结果。因此，本书首先对误差平方和目标函数结构和对参数率提供的信息进行了分析，发现了目前参数率定方法所存在的本质性问题，利用因变量增量与参数之间存在的系统响应关系将非线性函数线性化，提出了基于参数函数曲面的系统响应参数率定方法，并对方法的收敛性给予了证明。

（2）利用理想模型对系统响应参数率定方法进行了验证，并与其他优化算法进行了对比研究，分析系统响应参数率定方法各方面的性能。构建了三个水文模型（XAJ 模型、NAM 模型、HBV 模型）的理想模型，在每一个模型验证前，先用 LH－OAT 方法对模型参数进行了敏感性分析，敏感参数参与优选，不敏感参数根据经验和流域特性而定。进而进行了不同参数维数对优化方法的影响分析。最后是三种优化算法性能的详细对比研究分析，对比的性能有稳定性、精度和效率。

（3）对系统响应参数率定方法进行多个模型、多个实际流域的应用检验，从率定结果和模拟效果进行了研究分析。所选择的模型为XAJ模型、NAM模型和HBV模型，所选择的流域为三个大小特征不同的流域——七里街流域、邵武流域和东张水库流域，以验证系统响应参数优化方法在不同规模流域中的应用效果及适用范围。

1.3.3 技术路线

本书研究技术路线见图1.2。

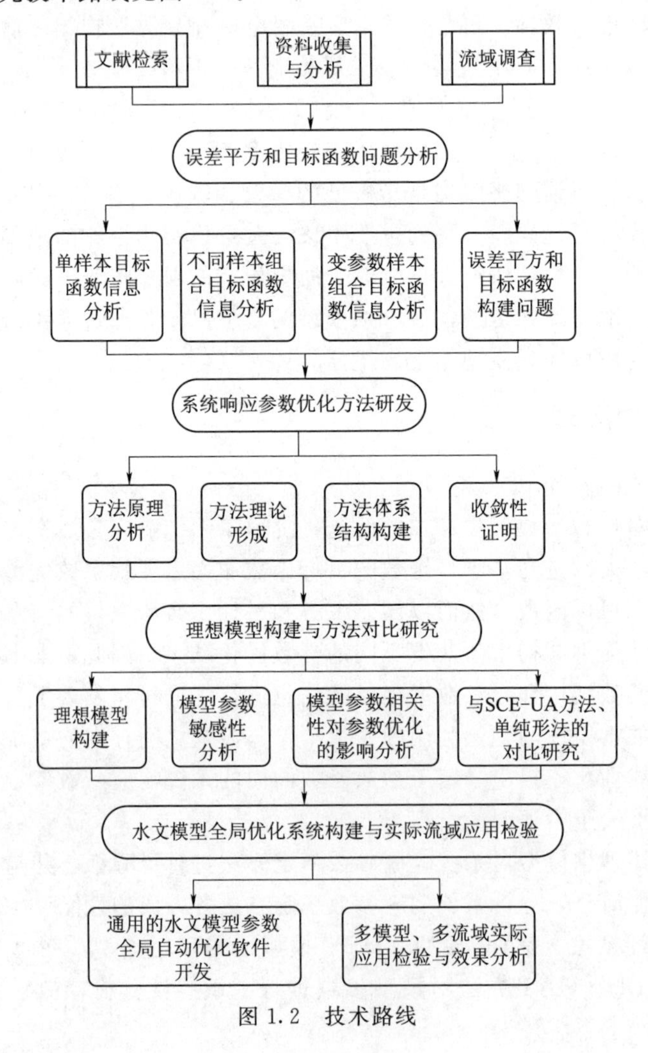

图1.2 技术路线

第 2 章

系统响应参数优化方法

2.1 引言

除物理模型和一些能用经验方法估计的参数外，参数率定都需要借助优化方法从目标函数获取参数率定的信息，在目标函数曲面上寻找参数优值。假设 $Q_{obs}=\{q_1, q_2, \cdots, q_n\}$ 是观测样本系列，$Q_{cal}(\theta)=\{q(\theta)_1, q(\theta)_2, \cdots, q(\theta)_n\}$是相应的模型计算输出系列，其中 θ 为参数。模型计算系列与实测系列之间的偏差可以表示为 $E(\theta)=F[Q_{obs}-Q_{cal}(\theta)]$，这里的函数 $F(\cdot)$ 可以对模型残差进行变形计算得到一个能够代表残差平均水平的标量，即为目标函数。模型参数率定的目标就是选择最优的参数 θ 使得目标函数最小（或者最大，取决于目标函数的定义）。

目前已提出的目标函数有很多，比如误差平方和（Simple Least Squares，SLS）目标函数、平均绝对误差（Mean Absolute Error）目标函数，纳什系数（Nash - Sutcliffe Efficiency，NSE）目标函数，洪峰偏差（Peak Difference，PDIFF）目标函数等，其中最常用的就是误差平方和目标函数[3, 11-14]。然而这些目标函数的响应曲面通常是复杂的，具有非平滑、不连续的导数梯度，有多个收敛区间，每个收敛区间有很多个或者无数个局部优值，优值附近参数敏感度低，非线性参数会相互影响等特性[92]。此外，响应曲面的结构不稳定，不同的样本资料局部优值的数量和位置可能不同[93]。总体来说，目标函数的这些特点使得参数优值寻找更加复杂。如果再进一步考虑到模型结构和资料误差，要找到一个确定性的唯一的参数优值将会变得更加困难。

20 世纪 80 年代包为民在其博士论文中就指出，目前参数优选方法的根本问题是目标函数的黑箱子结构和基于目标函数的信息利用方法[11]。如何构建新的目标函数或者如何把黑箱子的目标函数物理化，使得不同参数优选能提取相应的信息，是参数优化的关键[94]。包为民在1986年提出了多结构目标函数构建与信息利用[87]。Gupta等[95]在1998年指出了模型性能评价的多目标本质(特别是面临模型结构上的不足时)，因此需要多目标来评价模型性能[89,96-99]。此外，Gupta等[100]还指出为模型评价诊断方法的需要，需植根于信息理论，运用模型的性能特征指标检测模型性能差的原因，从而引导模型的改进。在这方面，Schaefli等[101]指出需要使用适当的性能基准，Gupta等[102, 103]表明经典的 *SLS* 和 *NSE* 指标可分解为三个部分，涉及水量平衡的签名属性、统计变异和时间相关的数据。包为民所带团队还先后提出了物理概念模型参数的概念化率定方法[104]、抗差性目标函数构建与信息利用[105-108]、定义于参数灵敏度域的目标函数与信息利用[109-112]、非线性模型参数的线性化估计方法[113-118]、全局优值跨峰率定方法[119]等。

虽然目前的研究在优化策略、目标函数设计和选择上有很大进步，但是模型率定的困难依然存在。一个一直以来被忽略的问题是，目标函数响应曲面上存在众多局部优值，部分原因在于目标函数本身的数学特性。如前所述，人们所用的模型一般属于复杂的非线性函数，如果用一个方次是二次或更高阶的目标函数（比如误差平方和）去率定参数，通常会得到比原函数本身更高次的复杂的目标函数响应曲面。

本书以最常用的误差平方和目标函数（其实际上是一个模型残差的二阶统计量）为例进行研究，从而可以预测其他基于幂函数的目标函数存在类似的问题。本章对其结构以及对参数优选所提供的信息进行了分析，发现了目前参数优选方法的根本问题所在，并发现参数函数曲面可以比目标函数曲面为参数优化提供更直接有效的信息，从而利用因变量增量与参数之间存在的系统响应关系将非线性函数线性化，提出了基于参数函数曲面的系统响应参数率定方法。

2.2 误差平方和目标函数问题

目标函数是参数优选最重要的信息来源，决定了所优选参数的效果。现有参数优选方法大都是在误差平方和目标函数曲面上寻找参数优值。本书研究发现，误差平方和目标函数为参数优选提供的信息存在诸多不合理问题。

2.2.1 单样本目标函数信息的不合理性

误差平方和目标函数以单样本信息为基础，为参数优选提供的信息是方法成败的关键。为了简单又不失一般性，以单参数函数模型为例进行分析，其表达形式为

$$y_t = f(\theta, u_t) \tag{2.1}$$

式中：y_t 为模型输出（因变量）；u_t 为模型输入（自变量）；θ 为模型参数。

对于一个函数样本（u_1，y_1），构造误差平方和目标函数 SLS_1 如下：

$$SLS_1 = [y_1 - f(\theta, u_1)]^2 \tag{2.2}$$

式（2.2）是单样本为参数率定提供的目标函数信息，称为样本目标函数信息。

为清楚地说明单参数模型样本目标函数信息的不合理性，这里举一个具体的单参数数学函数来说明：

$$y_t = \cos(2\pi u_t \theta) + (u_t \theta)^2 + 1 \tag{2.3}$$

式（2.3）函数中参数真值为 $\theta = 2.5$，这里采用 10 个样本进行分析，样本信息见表 2.1（其中 z_t 是相应于模型输出 y_t 的观测值）。

表 2.1　　函数式（2.3）对应的 10 个样本信息

样本编号	u_t	z_t
1	0.5	2.5625
2	1.0	6.2500
3	1.5	15.0625
4	2.0	27.0000
5	2.5	40.0625
6	3.0	56.2500
7	3.5	77.5625
8	4.0	102.0000
9	4.5	127.5625
10	5.0	156.2500

每一个样本的误差平方和目标函数为

$$\left.\begin{aligned} SLS_1(\theta) &= \{z_1 - [\cos(2\pi\theta \times 0.5) + (0.5\theta)^2 + 1]\}^2 \\ SLS_2(\theta) &= \{z_2 - [\cos(2\pi\theta \times 1) + (\theta)^2 + 1]\}^2 \\ &\vdots \\ SLS_{10}(\theta) &= \{z_{10} - [\cos(2\pi\theta \times 5) + (5\theta)^2 + 1]\}^2 \end{aligned}\right\} \tag{2.4}$$

式（2.4）中每一个公式都是目标函数 SLS 关于参数 θ 的函数，目标函数值随参数值的变化过程见图 2.1 和图 2.2，图中横坐标是参数，纵坐标是标准化的样本误差平方和目标函数值。从图 2.1 可以看出，每一个样本都包含多个低谷，即多个局部最小值。从图 2.2 可以清楚地看出，样本 1 对应的目标函数存在 5 个局部最小值，而样本 2 存在 4 个局部最小值，这些局部范围内最小值（又称局部优值）的具体数值见表 2.2，表中 $\theta_{\min}$ 和 $SLS_{\min}$ 分别为样本误差平方和目标函数的参数局部优值和对应的目标函数值。由表 2.2 可知，每个样本对应的目标函数所提供的信息虽都包含参数真值（$\theta=2.5$），但不同样本目标函数显示的局部参数优值的位置与数量都不同。每增加一个样本理论上就可能增加一组局部优值，这显然是不合理的。

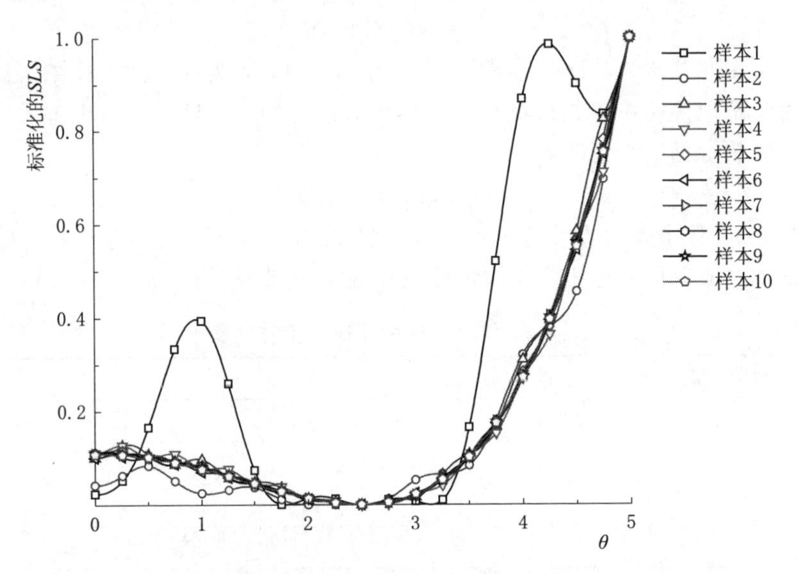

图 2.1　10 个样本目标函数值 SLS 随参数 θ 的变化过程

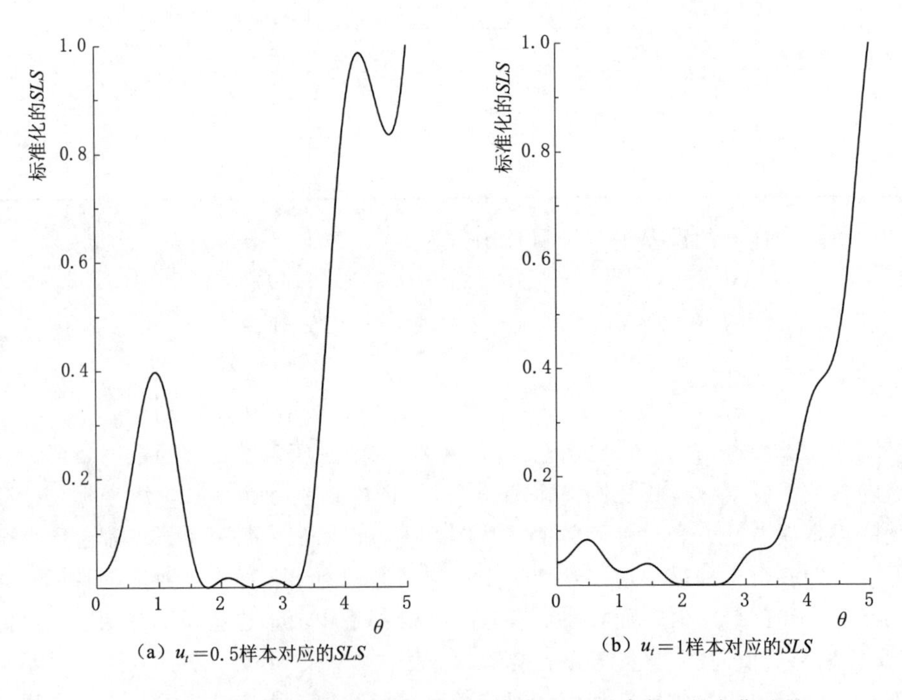

图 2.2　样本 1 和样本 2 对应的目标函数值 SLS 随参数 θ 的变化过程

表 2.2 不同样本局部优值

样本编号	局部优值与对应的目标函数	局部优值编号				
		1	2	3	4	5
样本 1	θ_{min}	0	1.78	2.50	3.14	4.73
	SLS_{min}	0.32	0	0	0	11.35
样本 2	θ_{min}	0	1.06	2.12	2.50	
	SLS_{min}	18.06	10.22	0	0	
样本 3	θ_{min}	0.00	0.71	1.41	2.50	
	SLS_{min}	170.63	144.21	78.13	0.00	
样本 4	θ_{min}	0	0.53	1.06	2.50	
	SLS_{min}	625.00	573.43	431.67	0	
样本 5	θ_{min}	0	0.42	0.85	2.50	
	SLS_{min}	1448.75	1369.66	1145.11	0	
样本 6	θ_{min}	0	0.35	0.71	2.50	
	SLS_{min}	2943.06	2829.86	2502.67	0	
样本 7	θ_{min}	0	0.30	0.61	2.50	
	SLS_{min}	5709.69	5551.58	5089.26	0	
样本 8	θ_{min}	0	0.27	0.53	2.50	
	SLS_{min}	10000.00	9790.44	9173.16	0	
样本 9	θ_{min}	0	0.21	0.43	2.50	
	SLS_{min}	23793.06	23469.15	22508.18	0	
样本 10	θ_{min}	0	0.21	0.43	2.50	
	SLS_{min}	23793.06	23469.15	22508.18	0	

2.2.2 不同样本组合目标函数信息的不合理性

一般是不同样本误差平方和累加组成目标函数。对于两组不同的样本，希望提供的寻找参数优值信息能引向相同的局部优值，但事实却不是如此。如对于函数式（2.3）的 3 组样本组合形式为

$$[u_t, f(2.5, u_t)] \quad t=1,2 \tag{2.5}$$

$$[u_t, f(2.5, u_t)] \quad t=2,4,6 \tag{2.6}$$

$$[u_t, f(2.5, u_t)] \quad t=1,3,6,8 \tag{2.7}$$

相应的样本误差平方和目标函数为

$$SLS_1(\theta) = \sum_{t=1}^{2} \{z_t - [\cos(2\pi u_t\theta) + (u_t\theta)^2 + 1]\}^2 \tag{2.8}$$

$$SLS_2(\theta)=\sum_{t=2,4,6}\{z_t-[\cos(2\pi u_t\theta)+(u_t\theta)^2+1]\}^2 \tag{2.9}$$

$$SLS_3(\theta)=\sum_{t=1,3,6,8}\{z_t-[\cos(2\pi u_t\theta)+(u_t\theta)^2+1]\}^2 \tag{2.10}$$

式（2.8）～式（2.10）是参数 θ 的函数，三者的局部优值见表2.3，相应目标函数曲线上分别存在4、5、3个局部最小值。表明：不同样本组合对应的误差平方和目标函数曲线上的局部优值位置和数量都不同，这对于参数优化来说也是不合理的。

表2.3　不同样本组合局部优值

样本编号	局部优值与对应的目标函数	局部优值编号				
		1	2	3	4	5
样本组合1	θ_{min}	0	1.08	2.04	2.50	
	SLS_{min}	18.38	15.30	0.24	0	
样本组合2	θ_{min}	0	0.38	0.71	1.08	2.50
	SLS_{min}	3586.13	3519.37	3145.82	2439.93	0
样本组合3	θ_{min}	0	0.29	2.50		
	SLS_{min}	13114.01	12938.56	0		

2.2.3 变参数样本组合目标函数信息的不合理性

如果随着样本的不同，参数取值也会变化，其样本组合也会提供不合理的信息。如式（2.3）所示的单参数数学模型，如果参数随自变量不同而变化，即

$$\left.\begin{array}{ll}\theta=2.5 & u_t\leqslant 5\\ \theta=0.1 & u_t>5\end{array}\right\} \tag{2.11}$$

那么对于参数值不同的两个样本［156.25，$f(2.5,5)$］，［0.55，$f(0.1,6)$］组合的目标函数为

$$\begin{aligned}SLS(\theta)=&\{f(2.5,5)-[\cos(2\pi\theta\times5)+(\theta\times5)^2+1]\}^2\\&+\{f(0.1,6)-[\cos(2\pi\theta\times6)+(\theta\times6)^2+1]\}^2\end{aligned} \tag{2.12}$$

当参数变化时，其局部最小值见表2.4。由表2.4可以看出，局部优值中既不包含2.5，也不包含0.1。由此可知，对任意变参数模型，不同参数样本组合所得结果一般不包含参数真值。所以由此目标函数信息率定模型参数不可能获得参数真值，只能得出不合理的参数优选结果。

表2.4　变参数函数局部优值

θ_{min}	0	0.21	0.42	0.625	1.235	1.41	1.575
SLS_{min}	23795.16	23473.05	22543.02	21171.04	16582.46	15988.81	16446.82

2.2.4 误差平方和目标函数构建问题

误差平方和目标函数率定方法涉及误差平方和目标函数构建和一阶求导为0得参数优值解的两步操作。如果模型输出对其参数来说是线性函数，那么在参数空间里 SLS 的响应曲面是完全二次型，即 SLS 是一个二次多项式。假设模型的参数都是敏感的，那么在 SLS 曲面上总是只有唯一的一个点使得一阶导数为0，显然找到全局优值是不困难的。然而，通常所用的模型一般是属于复杂的非线性函数，如果用一个方次是二阶或更高阶的目标函数（包括 SLS）去寻找参数优值，毫无疑问会得到比原函数本身更高阶的复杂的目标函数响应曲面。通常会导致 SLS 曲面上有很多点或者无数的点使得 SLS 的一阶导数为0，其中的一些点便是局部优值。

下面仍然以式（2.1）为例进行问题说明，对式（2.1）构建误差平方和目标函数：

$$\min_{\theta \in R}\left\{SLS(\theta,u)=\sum_{t=1}^{N}[f(\theta,u_t)-z_t]^2\right\} \tag{2.13}$$

式中：z_t 为相应于系统输出 y_t 的观测值；u_t，z_t 为确定参数的样本系列，$t=1$，2，…，N。

假设式（2.1）的函数 $f(\cdot)$ 所代表的模型是关于参数 θ 的线性函数，即 y_t 是关于参数的一次多项式，经过式（2.13）误差平方和操作便得到一个二次多项式，对其进行一阶求导 $\mathrm{d}SLS/\mathrm{d}\theta$ 便又得到一次多项式，显然这两步操作并没有改变参数次数，这一点很重要。因为通过 $\mathrm{d}SLS/\mathrm{d}\theta=0$ 求解可以得到唯一的一个解，这样的参数优化问题显然十分简单。但是更多情况是函数 $f(\cdot)$ 所代表的模型是关于参数 θ 的非线性函数，即 y_t 是关于参数的二次或更高次多项式，用符号 k 代表多项式的次数。那么经过式（2.13）误差平方和操作便得到一个方次为2k的多项式函数，对其进行一阶求导 $\mathrm{d}SLS/\mathrm{d}\theta$ 得到一个方次为 $2k-1$ 的多项式，只降低参数次数一次，使得参数方次增加了 $k-1$。那么 $\mathrm{d}SLS/\mathrm{d}\theta=0$ 解的个数通常不再是1，如果方次 k 比2大的多，那么解的个数可能非常大。

为了便于理解，以简单的二次单参数函数来说明，如式（2.14）：

$$y_t=(\theta-u_t)^2 \tag{2.14}$$

对于观测样本 $z_t=25$，$u_t=5$，将其代入式（2.14），可以得到 $\theta=0$ 和 $\theta=10$ 两个解。下面用没有误差的单样本构建误差平方和目标函数有

$$SLS=(z_t-y_t)^2=[z_t-(\theta-u_t)^2]^2=[25-(\theta-5)^2]^2 \tag{2.15}$$

对其进行一阶求导得

$$\frac{\mathrm{d}SLS}{\mathrm{d}\theta}=4[(\theta-5)^2-25](\theta-5) \tag{2.16}$$

式（2.16）是关于参数 θ 的 3 次多项式，令其导数为 0，即 $\mathrm{d}SLS/\mathrm{d}\theta=0$ 得到 3 个解（$\theta=0$、$\theta=10$ 和 $\theta=5$）。显然真值只有 $\theta=0$ 和 $\theta=10$，增加了一个不相关的局部优值，$\theta=5$ 实际上是目标函数曲面上的局部极大值点（$\mathrm{d}SLS^2/\mathrm{d}\theta^2|_{\theta=5}=-100$），这个例子说明了一个事实，$\mathrm{d}SLS/\mathrm{d}\theta=0$ 的解增加了一个。

为了完整描述，对于任意 N 个样本（u_1，z_1），（u_2，z_2），…，（u_N，z_N）构建目标函数：

$$SLS=\sum_{t=1}^{N}(z_t-y_t)^2=\sum_{t=1}^{N}[z_t-(\theta-u_t)^2]^2 \tag{2.17}$$

一阶求导得

$$\frac{\mathrm{d}SLS}{\mathrm{d}\theta}=4\sum_{t=1}^{N}[(\theta-u_t)^3-z_t(\theta-u_t)] \tag{2.18}$$

令 $\mathrm{d}SLS/\mathrm{d}\theta=0$，得

$$\sum_{t=1}^{N}[(\theta-u_t)^3-z_t(\theta-u_t)]=0 \tag{2.19}$$

显然，式（2.19）仍是 3 次多项式，一般存在 3 个解，解的数量还是增加了一个。

由此可推断，对于一般的关于参数的 p 次非线性函数：

$$y_t=u_t+\theta u_t+(\theta u_t)^2+\cdots+(\theta u_t)^p,p\geqslant 2 \tag{2.20}$$

通过构建误差平方和目标函数与一阶求导：

$$SLS=\sum_{t=1}^{N}\{z_t-[u_t+\theta u_t+(\theta u_t)^2+\cdots+(\theta u_t)^p]\}^2 \tag{2.21}$$

$$\frac{\mathrm{d}SLS}{\mathrm{d}\theta}=2\sum_{t=1}^{N}\{[u_t+\theta u_t+(\theta u_t)^2+\cdots+(\theta u_t)^p]-z_t\}$$

$$[u_t+2u_t\theta u_t+\cdots pu_t(\theta u_t)^{p-1}]$$

使参数解数量增加了 $p-1$ 个，而且这增加的 $p-1$ 个解不是函数本身的，是通过平方和操作额外增加的，如果用这样的目标函数优选确定参数，可能得到不相关的参数值，显然是没有意义的。而通常所用的水文模型基本都是非线性模型，所以现有优化算法在目标函数曲面上寻优非常困难。由于基于目标函数信息的寻优策略存在这一问题，所以有必要寻求新的参数估计方法和信息利用手段。

2.3 系统响应参数优化方法

2.2 节介绍了用误差平方和目标函数为基本信息率定参数对非线性模型存

在的理论性问题，而对线性参数不存在类似理论问题，那么基于以上研究如何来构建一个有效的参数优选方法呢？

2.3.1 方法理论

任何一个模型或者函数都可以看作一个系统，我们从系统的微分角度出发，对于单参数函数 $y_t=f(\theta,u_t)$，以参数为自变量的微分为

$$dy_t=f'(\theta,u_t)d\theta \tag{2.22}$$

因变量增量 dy_t 是由于参数增量 $d\theta$ 的改变而引起的改变，可称因变量增量 dy_t 是参数增量 $d\theta$ 微分形式的系统响应，又称系统响应。如果因变量增量还是其他变量（如模型自变量）的函数，那么 $dy_t(u_t)$ 称为系统响应函数。特别当参数增量 $d\theta$ 为一个单位时，相应的系统响应函数又称为单位系统响应函数，而且其值等于其导函数，即

$$dy_t(x)=f'_\theta(\theta,x) \tag{2.23}$$

对于多参数函数微分：

$$dy_t=\frac{\partial f}{\partial\theta_1}d\theta_1+\frac{\partial f}{\partial\theta_2}d\theta_2+\cdots+\frac{\partial f}{\partial\theta_n}d\theta_n \tag{2.24}$$

因变量增量 dy_t 是由于全部参数增量 $\{d\theta_1, d\theta_2, \cdots, d\theta_i, \cdots, d\theta_n\}$ 的改变而引起的改变，通常称因变量增量 dy_t 是参数增量 $\{d\theta_1, d\theta_2, \cdots, d\theta_i, \cdots, d\theta_n\}$ 的全微分系统响应，如果因变量增量还是其他变量（如模型自变量）的函数，那么 $dy_t(u_t)$ 称为全微分系统响应函数。当参数除 θ_i 外固定不变时，因变量增量 dy_t 只是由参数增量 $d\theta_i$ 的改变而引起 θ_i 方向的改变，通常称这个因变量增量 dy_t 是参数增量 $d\theta_i$ 的偏微分系统响应；如果因变量增量还是其他变量（如模型自变量）的函数，那么 $dy_t(u_t)$ 称为偏微分系统响应函数。特别当参数增量 $d\theta_i$ 为一个单位时，其相应的偏微分系统响应函数也称为单位系统响应函数，而且其值等于其偏导函数，即

$$dy_t(u_t)=\frac{\partial f(\theta,u_t)}{\partial\theta_i} \tag{2.25}$$

由以上分析可知，函数微分建立了模型计算结果改变量与参数改变量和导函数间的关系。这就是非线性模型参数优化过程中需要的关系。下面利用这个关系来建立非线性模型参数的优化方法。由于一些模型没有确定的数学表达式，对于求解其偏微分可以用前差分法，对式（2.25）的偏导数向前差分得

$$\frac{\partial f}{\partial\theta_i}=\frac{f([\theta_1,\cdots,\theta_i+\Delta\theta_i,\cdots,\theta_n]^T,u_t)-f([\theta_1,\cdots,\theta_i,\cdots,\theta_n]^T,u_t)}{\Delta\theta_i} \tag{2.26}$$

参数率定时，设第 j 步获得的 θ_i 估计为 θ_i^j，第 $j+1$ 步获得的 θ_i 估计为

θ_i^{j+1}，把前后两步的参数代入差分式有

$$\left.\frac{\partial f}{\partial \theta_i}\right|_{\theta_i=\theta_i^j}=\frac{f([\theta_1,\cdots,\theta_i^{j+1},\cdots,\theta_n]^{\mathrm{T}},u_t)-f([\theta_1,\cdots,\theta_i^j,\cdots,\theta_n]^{\mathrm{T}},u_t)}{\theta_i^{j+1}-\theta_i^j} \tag{2.27}$$

为了叙述简单，记 $f_i^j=f([\theta_1,\cdots,\theta_i^j,\cdots,\theta_n]^{\mathrm{T}},u)$，$f_i^{j+1}=f([\theta_1,\cdots,\theta_i^{j+1},\cdots,\theta_n]^{\mathrm{T}},u)$，并将式（2.27）改写为

$$f_i^{j+1}=f_i^j+\left.\frac{\partial f}{\partial \theta_i}\right|_{\theta_i=\theta_i^j}(\theta_i^{j+1}-\theta_i^j) \tag{2.28}$$

式（2.28）表达了参数寻找过程中前后两步参数、函数值和参数偏导数间的线性近似关系，参数偏导数反映了参数改变引起的函数改变程度，通常改变量越大就说明该参数在函数中越灵敏，所以也可叫参数灵敏度。考虑所有参数的前后两步参数改变，式（2.28）变为

$$f^{j+1}=f^j+\left.\frac{\partial f}{\partial \theta_1}\right|_{\theta_1=\theta_1^j}(\theta_1^{j+1}-\theta_1^j)+\left.\frac{\partial f}{\partial \theta_2}\right|_{\theta_2=\theta_2^j}(\theta_2^{j+1}-\theta_2^j)+\cdots+\left.\frac{\partial f}{\partial \theta_n}\right|_{\theta_n=\theta_n^j}(\theta_n^{j+1}-\theta_n^j) \tag{2.29}$$

式（2.29）非线性参数函数 f 相对于参数 θ 为线性化近似关系，很明显非线性参数率定问题转换成了线性参数率定，并且式（2.29）所提供的信息也是基于参数函数曲面。现假设有 N 组观测样本（u_1，z_1），（u_2，z_2），…，（u_N，z_N），代入式（2.29）有

$$\left.\begin{aligned}
z_1&=f(\boldsymbol{\theta}^j,u_1)+\frac{\partial f(\boldsymbol{\theta}^j,u_1)}{\partial\theta_1}(\theta_1^{j+1}-\theta_1^j)+\cdots+\frac{f(\boldsymbol{\theta}^j,u_1)}{\partial\theta_n}(\theta_n^{j+1}-\theta_n^j)+e_1\\
z_2&=f(\boldsymbol{\theta}^j,u_2)+\frac{\partial f(\boldsymbol{\theta}^j,u_2)}{\partial\theta_1}(\theta_1^{j+1}-\theta_1^j)+\cdots+\frac{f(\boldsymbol{\theta}^j,u_2)}{\partial\theta_n}(\theta_n^{j+1}-\theta_n^j)+e_2\\
&\vdots\\
z_N&=f(\boldsymbol{\theta}^j,u_N)+\frac{\partial f(\boldsymbol{\theta}^j,u_N)}{\partial\theta_1}(\theta_1^{j+1}-\theta_1^j)+\cdots+\frac{f(\boldsymbol{\theta}^j,u_N)}{\partial\theta_n}(\theta_n^{j+1}-\theta_n^j)+e_N
\end{aligned}\right\} \tag{2.30}$$

式（2.30）表达的是样本参数函数信息，其向量矩阵形式为

$$\boldsymbol{z}=\boldsymbol{f}^j+\boldsymbol{S}(\boldsymbol{\theta}^{j+1}-\boldsymbol{\theta}^j)+\boldsymbol{e} \tag{2.31}$$

其中

$$\boldsymbol{z}=[z_1,z_2,\cdots,z_N]^{\mathrm{T}}$$

$$\boldsymbol{f}^j=[f(\boldsymbol{\theta}^j,x_1),f(\boldsymbol{\theta}^j,x_2),\cdots,f(\boldsymbol{\theta}^j,x_N)]^{\mathrm{T}}$$

$$\boldsymbol{\theta}^j=[\theta_1^j,\theta_2^j,\cdots,\theta_n^j]^{\mathrm{T}}$$

$$\boldsymbol{\theta}^{j+1}=[\theta_1^{j+1},\theta_2^{j+1},\cdots,\theta_n^{j+1}]^{\mathrm{T}}$$

$$\boldsymbol{e}=[e_1,e_2,\cdots,e_N]^{\mathrm{T}}$$

$$\boldsymbol{S}=\begin{bmatrix}\dfrac{\partial f(\boldsymbol{\theta}^j,u_1)}{\partial\theta_1} & \cdots & \dfrac{\partial f(\boldsymbol{\theta}^j,u_1)}{\partial\theta_n}\\ \dfrac{\partial f(\boldsymbol{\theta}^j,u_2)}{\partial\theta_1} & \cdots & \dfrac{\partial f(\boldsymbol{\theta}^j,u_2)}{\partial\theta_n}\\ & \vdots & \\ \dfrac{\partial f(\boldsymbol{\theta}^j,u_N)}{\partial\theta_1} & \cdots & \dfrac{\partial f(\boldsymbol{\theta}^j,u_N)}{\partial\theta_n}\end{bmatrix}$$

$\boldsymbol{S}$ 称为参数灵敏度矩阵，$\boldsymbol{e}=[e_1,e_2,\cdots,e_L]^{\mathrm{T}}$ 表达 $\boldsymbol{z}$ 与 $\boldsymbol{f}^{j+1}$的偏差，参数寻找要确定新的参数向量 $\boldsymbol{\theta}^{j+1}$，希望使观测值与计算值的差异达到最小，即

$$\min_{\boldsymbol{\theta}\in R^n} SLS^{j+1}=(\boldsymbol{z}-\boldsymbol{f}^{j+1})^{\mathrm{T}}(\boldsymbol{z}-\boldsymbol{f}^{j+1}) \tag{2.32}$$

由此可得 $\boldsymbol{\theta}^{j+1}$在满足式（2.32）条件下的最佳估计为

$$\boldsymbol{\theta}^{j+1}=\boldsymbol{\theta}^j+(\boldsymbol{S}^{\mathrm{T}}\boldsymbol{S})^{-1}\boldsymbol{S}^{\mathrm{T}}(\boldsymbol{z}-\boldsymbol{f}^j) \tag{2.33}$$

该方法最大的特色在于：①利用模型输出变化量与参数变化量之间的微分系统响应关系把非线性参数率定问题转变成了线性参数率定问题；②参数寻找不再是在目标函数曲面上而是在更直接有效的参数函数曲面上寻找，因此将其命名为基于参数函数曲面的系统响应直接参数率定方法，简称系统响应参数率定方法（System Response Parameter Calibration Method，SRPCM），从而可以避免目标函数对参数率定所带来的不合理问题。

2.3.2 方法步骤和流程

系统响应参数率定方法由于式（2.31）存在的误差，寻找参数优值过程也是逐步渐进过程，步骤归纳如下：

（1）观测样本（u_1，z_1），（u_2，z_2），…，（u_N，z_N）输入，并给定参数初值 $\boldsymbol{\theta}^0$。

（2）由观测样本和第 j 步的参数值计算函数向量 $\boldsymbol{f}^j$ 与矩阵 $\boldsymbol{S}$。

（3）确定新的参数向量 $\boldsymbol{\theta}^{j+1}=\boldsymbol{\theta}^j+(\boldsymbol{S}^{\mathrm{T}}\boldsymbol{S})^{-1}\boldsymbol{S}^{\mathrm{T}}(\boldsymbol{z}-\boldsymbol{f}^j)$。

（4）判断是否满足迭代终止条件，如果满足则寻优结束，否则转到步骤（2）继续循环。

本书所采用的目标函数为误差平方和（SLS），选用三个迭代终止条件，其中有一个终止条件满足，则参数率定过程就会结束，三个终止条件如下：

（1）目标函数收敛：若经过 1 次或几次迭代后，目标函数值没有明显的改进则停止迭代，其表达式为

$$\left|\frac{SLS^{j+1}-SLS^j}{SLS^j}\right|<TOL \tag{2.34}$$

式中：SLS^{j+1}、SLS^j分别为第 $j+1$ 步与第 j 步的目标函数值；TOL 为确定

的一个容许值。

（2）参数收敛：若经过 1 次或几次迭代后，不能明显改变参数值并且与此同时目标函数值也没有明显的改善，则停止迭代，其表达式为

$$\left|\frac{\theta_i^{j+1}-\theta_i^j}{\theta_{i\max}-\theta_{i\min}}\right|<TOL_\theta \tag{2.35}$$

式中：θ_i^{j+1}，θ_i^j 分别为第 i 个参数在第 $j+1$ 步与第 j 步的参数值；$\theta_{i\max}$，$\theta_{i\min}$ 分别为第 i 个参数的最大值与最小值；TOL_θ 为参数的收敛容差。

（3）最大迭代次数限制：为了避免参数率定过程中，计算程序陷入死循环，需设定一个最大的迭代次数，若超过此值则停止率定。

2.3.3 优化方法评价准则

为了评判优化方法的性能，选用以下评判指标：

（1）目标函数选用误差平方和，表示了模拟流量与实测流量之间的偏差，可以评判方法的精度。

$$SLS=\left\{\sum_{t=1}^{N}[Q_{\mathrm{ob}}(t)-Q_{\mathrm{c}}(t)]^2\right\} \tag{2.36}$$

式中：$Q_{\mathrm{ob}}(t)$，$Q_{\mathrm{c}}(t)$ 分别为 t 时刻的观测流量值和计算流量值；N 为资料系列长度。

（2）相对误差绝对值之和（Sum of the Absolute Relative Error，SARE），表示了参数率定值与真值之间的偏差，可以从另一角度评判率定方法的精度。

$$SARE(i)=\sum_{j=1}^{m}\left|\frac{\theta_i(j)-\theta_{0i}}{\theta_{0i}}\right| \tag{2.37}$$

式中：$SARE(i)$ 为第 i 个参数与真值的相对误差绝对值之和；$\theta_i(j)$ 为第 i 个参数在第 j 组的率定结果值；θ_{0i} 为第 i 个参数的真值；m 为组数，本书一般选取 100 组初值分别进行参数优选，因此 $m=100$。

（3）方差（Parameter Variance，Pvar），表示了参数率定值与平均值的差距，可以评判方法的稳定性。

$$Pvar(i)=\frac{1}{m}\sum_{j=1}^{m}[\theta_i(j)-\overline{\theta_i}]^2 \tag{2.38}$$

式中：$\overline{\theta_i}$为第 i 个参数所有组数率定结果的平均值；$Pvar(i)$ 为第 i 个参数 100 组率定结果的方差。

此外还选用了方法循环次数（Iteration Numbers，INum）、率定时长(Calibration Time，CT)、模型运算次数（Model Runs ，MR）来评判方法的率定效率。

2.3.4 方法的收敛性证明

证明系统响应参数率定方法的收敛性只要能保证其寻找方向 $\boldsymbol{\theta}^{j+1}=\boldsymbol{\theta}^{j}+(\boldsymbol{S}^{\mathrm{T}}\boldsymbol{S})^{-1}\boldsymbol{S}^{\mathrm{T}}(\boldsymbol{z}-\boldsymbol{f}^{j})$是正确的，即是指向最优参数值方向。进一步要证明新的寻找方向是正确的，只要证明式（2.33）对任意一步寻找的新参数向量 $\boldsymbol{\theta}^{j+1}$相应的误差 SLS^{j+1}都比上一步误差 SLS^{j} 更小即可。证明如下：

$$\begin{aligned}SLS^{j+1}&=(\boldsymbol{z}-\boldsymbol{f}^{j+1})^{\mathrm{T}}(\boldsymbol{z}-\boldsymbol{f}^{j+1})=[\boldsymbol{z}-\boldsymbol{f}^{j}-\boldsymbol{S}(\boldsymbol{\theta}^{j+1}-\boldsymbol{\theta}^{j})]^{\mathrm{T}}[\boldsymbol{z}-\boldsymbol{f}^{j}-\boldsymbol{S}(\boldsymbol{\theta}^{j+1}-\boldsymbol{\theta}^{j})]\\&=SLS^{j}-(\boldsymbol{z}-\boldsymbol{f}^{j})^{\mathrm{T}}\boldsymbol{S}(\boldsymbol{\theta}^{j+1}-\boldsymbol{\theta}^{j})-(\boldsymbol{\theta}^{j+1}-\boldsymbol{\theta}^{j})^{\mathrm{T}}\boldsymbol{S}^{\mathrm{T}}(\boldsymbol{z}-\boldsymbol{f}^{j})\\&\quad+(\boldsymbol{\theta}^{j+1}-\boldsymbol{\theta}^{j})^{\mathrm{T}}\boldsymbol{S}^{\mathrm{T}}\boldsymbol{S}(\boldsymbol{\theta}^{j+1}-\boldsymbol{\theta}^{j})\end{aligned}\tag{2.39}$$

把式（2.33）代入式（2.39）得

$$\begin{aligned}SLS^{j+1}&=SLS^{j}-2(\boldsymbol{z}-\boldsymbol{f}^{j})^{\mathrm{T}}\boldsymbol{S}(\boldsymbol{S}^{\mathrm{T}}\boldsymbol{S})^{-1}\boldsymbol{S}^{\mathrm{T}}(\boldsymbol{z}-\boldsymbol{f}^{j})\\&\quad+(\boldsymbol{z}-\boldsymbol{f}^{j})^{\mathrm{T}}\boldsymbol{S}(\boldsymbol{S}^{\mathrm{T}}\boldsymbol{S})^{-1}\boldsymbol{S}^{\mathrm{T}}(\boldsymbol{z}-\boldsymbol{f}^{j})\\&=SLS^{j}-(\boldsymbol{z}-\boldsymbol{f}^{j})^{\mathrm{T}}\boldsymbol{S}(\boldsymbol{S}^{\mathrm{T}}\boldsymbol{S})^{-1}\boldsymbol{S}^{\mathrm{T}}(\boldsymbol{z}-\boldsymbol{f}^{j})\end{aligned}\tag{2.40}$$

式（2.40）中：$(\boldsymbol{S}^{\mathrm{T}}\boldsymbol{S})^{-1}$为满秩实对称矩阵，如果 $N=n$，$\boldsymbol{S}$ 则是一个满秩的方阵，也就是一个可逆矩阵，那么：

$$\begin{aligned}SLS^{j+1}&=SLS^{j}-(\boldsymbol{z}-\boldsymbol{f}^{j})^{\mathrm{T}}\boldsymbol{S}(\boldsymbol{S}^{\mathrm{T}}\boldsymbol{S})^{-1}\boldsymbol{S}^{\mathrm{T}}(\boldsymbol{z}-\boldsymbol{f}^{j})\\&=SLS^{j}-(\boldsymbol{z}-\boldsymbol{f}^{j})^{\mathrm{T}}\boldsymbol{S}\boldsymbol{S}^{-1}(\boldsymbol{S}^{\mathrm{T}})^{-1}\boldsymbol{S}^{\mathrm{T}}(\boldsymbol{z}-\boldsymbol{f}^{j})\\&=SLS^{j}-(\boldsymbol{z}-\boldsymbol{f}^{j})^{\mathrm{T}}(\boldsymbol{z}-\boldsymbol{f}^{j})<SLS^{j}\end{aligned}\tag{2.41}$$

如果 $N>n$，据满秩实对称矩阵的乔列斯基分解（Cholesky）定理，$(\boldsymbol{S}^{\mathrm{T}}\boldsymbol{S})^{-1}=\boldsymbol{U}\boldsymbol{U}^{\mathrm{T}}$，$\boldsymbol{U}$ 为非奇异上三角矩阵，则有

$$\begin{aligned}[\boldsymbol{S}^{\mathrm{T}}(\boldsymbol{y}-\boldsymbol{f}^{j})]^{\mathrm{T}}(\boldsymbol{S}^{\mathrm{T}}\boldsymbol{S})^{-1}\boldsymbol{S}^{\mathrm{T}}(\boldsymbol{y}-\boldsymbol{f}^{j})&=[\boldsymbol{S}^{\mathrm{T}}(\boldsymbol{y}-\boldsymbol{f}^{j})]^{\mathrm{T}}\boldsymbol{U}\boldsymbol{U}^{\mathrm{T}}\boldsymbol{S}^{\mathrm{T}}(\boldsymbol{y}-\boldsymbol{f}^{j})\\&=[\boldsymbol{U}^{\mathrm{T}}\boldsymbol{S}^{\mathrm{T}}(\boldsymbol{y}-\boldsymbol{f}^{j})]^{\mathrm{T}}[\boldsymbol{U}^{\mathrm{T}}\boldsymbol{S}^{\mathrm{T}}(\boldsymbol{y}-\boldsymbol{f}^{j})]>0\end{aligned}\tag{2.42}$$

即

$$SLS^{j+1}=SLS^{j}-[\boldsymbol{U}^{\mathrm{T}}\boldsymbol{S}^{\mathrm{T}}(\boldsymbol{z}-\boldsymbol{f}^{j})]^{\mathrm{T}}[\boldsymbol{U}^{\mathrm{T}}\boldsymbol{S}^{\mathrm{T}}(\boldsymbol{z}-\boldsymbol{f}^{j})]<SLS^{j}\tag{2.43}$$

可知式（2.33）确定的任意一步新参数向量 $\boldsymbol{\theta}^{j+1}$都满足关系

$$SLS^{j+1}<SLS^{j}\tag{2.44}$$

随着寻找步骤增加，其误差平方和值越来越小，最终趋于最小值，获得最优的参数值。所以式（2.33）确定的寻找方向是正确的，即系统响应参数率定方法是收敛的。

2.4 本章小结

现有参数估计方法大都是在基于幂函数的目标函数曲面上寻找参数优值，最常用的是误差平方和目标函数。而以误差平方和作为目标函数通常会致使不

同初始值获得不同的参数优化结果。本章从误差平方和目标函数的结构、对参数率定提供的信息分析入手发现了目前参数率定方法所存在的本质性问题，从而利用因变量增量与参数之间存在的系统响应关系将非线性函数线性化，提出了基于参数函数曲面的系统响应参数率定方法。本章主要内容和结论如下：

(1) 深入分析了误差平方和目标函数结构及其对参数优化提供的信息特性，发现了误差平方和目标函数为参数估计提供的信息存在众多不合理性：①单样本目标函数信息的不合理性——不同样本的目标函数显示的参数局部优值位置和数量都不同；②不同样本组合目标函数信息的不合理性——不同样本组合时，误差平方和目标函数提供的参数寻找信息显示的局部优值位置和数量也不同；③变参数样本组合目标函数信息的不合理性——对任意变参数模型，不同参数样本组合，所得结果一般不包含参数真值；④误差平方和目标函数构建问题——误差平方和目标函数率定方法涉及误差平方和目标函数构建和一阶求导为0得参数优值解的两步操作，这两步操作对于线性参数率定没有问题，但对于非线性参数率定一般会增加不相关的局部优值解。

(2) 基于以上的研究基础，提出了系统响应参数优化方法，并对方法理论、方法步骤给出了详细介绍以及对方法的收敛性进行了证明。该方法的优点和特点是：①直接在参数函数曲面上寻找参数，不再像现有参数优选方法一样在目标函数曲面上寻找参数优值；②利用模型输出变化量与参数变化量之间的微分系统响应关系把非线性参数率定问题转变成了线性参数率定问题，从而可以避免不相关局部优值问题；③用样本参数函数的导数获取的参数估计信息更精确，由于样本函数的微分模型反映了模型误差与参数间的系统响应关系，以该关系为基础获得的参数估计信息更有效。从而系统响应参数优化方法可以避免误差平方和目标函数对参数率定所带来的不合理问题。

第3章

理想模型验证及方法对比研究

3.1 引言

一种参数率定方法提出之后要经过多方面验证才可以被推广应用到实际中。验证参数率定方法是否可行有效的标准是能否快速稳定地找到参数真值。但在实际中，模型参数真值是多少往往是不知道的。为了解决这一问题，本书构建了理想模型，用于检验系统响应参数率定方法是否能找到参数真值。理想模型是指模型结构、模型参数、状态变量、输入、输出、误差等皆已知的模型。具体构建方法为：确定模型结构，给定一组模型参数值（作为参数“真值”）及初始状态变量值，将实测的降雨、蒸散发资料序列带入模型计算得到计算流量序列，将计算流量序列作为对应于实测降雨和蒸散发资料的“实测流量”序列。这样就构建了一个模型结构确定，模型参数、输入、输出皆已知的理想模型。选择理想模型进行验证的原因是：①理想模型中参数真值已知，从而可以判断优化方法是否能找到参数真值；②理想模型中各项皆已知，这样可以排除各种不确定性因素的影响，从而专注于优化方法本身是否存在问题。

众所周知，要想了解一种方法的优劣，只有对比才能更清楚，所以本章选择了一个传统优化算法的典型代表（单纯形法）和一个现代优化算法的代表（SCE-UA 方法）进行对比研究。单纯形法是在 1962 年由 Spendley 等[120]提出，后在 1965 年由 Nelder 和 Mead[18]对其进行了改进。本章所采用的单纯形法为改进的单纯形法。改进单纯形法的基本思想是：在 n 维空间中选取 $n+1$ 个点构成初始单纯形，计算 $n+1$ 个顶点对应的目标函数值，并比较其大小，确定出目标函数最大值点（最差点）和目标函数最小值点（最好点），然后利用反射、扩展、收缩和减小棱长方式求出一个较好点，取代最差点，构成新的单纯形，再次计算 $n+1$ 个顶点的值，如此循环往复，在不断迭代的过程中使顶点的目标函数值不断减小，所有顶点渐渐迫近最优点，直至满足迭代终止条件。SCE-UA 方法综合了确定性搜索、随机搜索和生物竞争进化等方法的优点，引入种群概念，复合形点在可行域内随机生成和竞争演化。简单地说，SCE-UA 方法就是开始时在参数可行域中引入随机分布的点群，将这些点群分成 p 个复合形，每个复合形包含 $2n+1$ 个点，每一个复合形都独立地根据下降单纯形法进行“进化”，定时地将整个群体重新混合在一起，并产生新的复合形，进化和混合不断重复进行直到满足给定的收敛准则为止。该算法由于可以有效地搜索到水文模型参数全局最优解[38, 121, 122]，解决高维参数的全局优化问题，被认为是流域水文模型参数优选最有效的方法，在国外流域水文模型参数优选中得到广泛应用。

本章用三个水文模型（XAJ 模型、HBV 模型和 NAM 模型）进行了方法性能检验并与 SCE-UA 方法以及单纯形法进行了对比研究，旨在验证该方法是否能避免陷入局部优值，并快速地找到参数真值以及相比现有优化算法的优缺点。

3.2 邵武流域概况

本章研究所选取的流域为邵武流域，流域面积为 2745km²，该流域属于亚热带季风气候，天气温和，雨量充沛，植被茂盛。流域内年平均降水量为 1400～2400mm，但年内分配不均。4—6 月降水量约占全年的 60%，盛夏和秋季降水量则偏少，容易出现干旱，年蒸发量为 700～1000mm。该流域共有 9 个雨量站，分别为金坑、司前、桥湾、高家、止马、茶富、光泽、高阳和邵武；1 个蒸发站—光泽站；一个水文站—邵武站。邵武流域的水系图见图 3.1。该流域共有

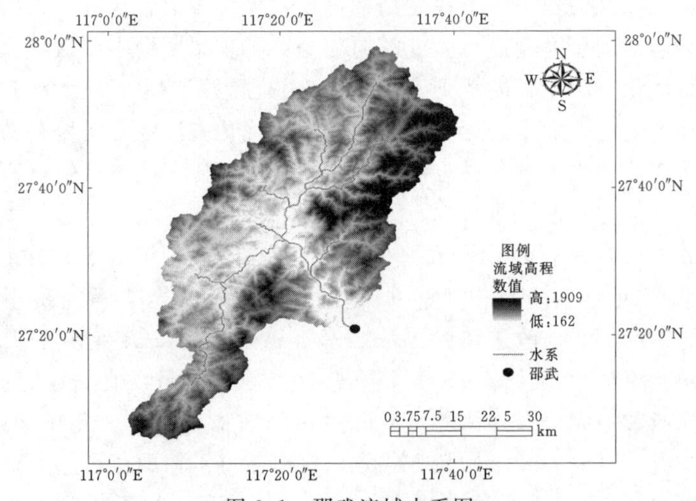

图 3.1 邵武流域水系图

1988—2000年（13年）的逐日水文资料，包括逐日降雨、逐日蒸发和逐日流量资料。本章暂选择前5年资料用于研究计算。此外，由于本章依然是基于模型生成的流量资料作为“实测资料”来率定模型参数，所以只需要前5年的逐日降雨、逐日蒸发资料，逐日流量资料暂不需要。

3.3 LH－OAT参数敏感性分析方法

对于复杂的概念性水文模型其参数一般众多，并且包含一些非常不敏感的参数，对于不敏感参数一般可通过其物理意义、流域特性和相关经验来确定，不必参与参数优选。所以在优选参数前应先对参数敏感性进行分析排序，筛选出重要参数进行参数优化。

参数敏感性分析方法，根据其作用范围可分为局部敏感性分析方法和全局敏感性分析方法[123]。局部敏感性分析法也称为扰动分析法，只检验单参数对模型的影响，操作简单快捷，曾被广泛应用，但忽略了模型参数之间的相互作用，一个参数的不同取值可能会影响另一个参数的敏感程度，因此该方法缺乏稳定性。全局敏感性分析方法则同时考虑了多个参数对模型输出的影响以及各参数之间的相互作用对模型输出的影响，从而可以全面认识各参数的敏感度，适用于参数众多的水文模型。该方法在参数取值范围内通过随机性或者系统性方法抽样以获得样本集合，再通过一定的统计分析方法分析参数敏感性。目前常用的方法有LH－OAT方法、区域灵敏度分析法（RSA）、傅里叶幅度灵敏度检验法（FAST）、GLUE（Generalized Likelihood Uncertainty Estimation）法、Sobol法等。本章所选的参数敏感性分析方法为LH－OAT方法，该方法是Griensven等[124]将拉丁超立方（LH）抽样和随机OAT方法相结合提出的新的敏感性分析方法，它既保留了拉丁超立方抽样算法的鲁棒性又具有OAT方法的精确性。

LH方法的基本思想是将参数空间划分为M层，在每层中随机抽样一次，生成一个包含有n个参数的拉丁超立方抽样组。然后，按照OAT方法的思路，对每个LH抽样组内每个参数进行一次微小的改变，即进行n次的改变。LH－OAT方法采用循环运行方式，对于LH中j样本的参数θ_i，$i=1，2，\cdots，n$，相对敏感度S_{ij}由式（3.1）计算得到。

$$S_{ij}=\left|\frac{100\times\left(\dfrac{f[\theta_1,\cdots,\theta_i\times(1+\Delta_i),\cdots,\theta_n]-f(\theta_1,\cdots,\theta_i,\cdots,\theta_n)}{\{f[\theta_1,\cdots,\theta_i\times(1+\Delta_i),\cdots,\theta_n]+f(\theta_1,\cdots,\theta_i,\cdots,\theta_n)\}/2}\right)}{\Delta_i}\right| \tag{3.1}$$

式中：$f(\cdot)$为目标函数，本书中用的是误差平方和SLS；Δ_i为参数θ_i变化产生的微小扰动。

参数 θ_i 的敏感度 S_i 为所有样本相对敏感度的平均值，S_i 值越大，该参数越敏感。

$$S_i = \frac{1}{M}\sum_{j=1}^{M} S_{ij} \tag{3.2}$$

该方法共有 M 个抽样组，每个抽样组需要运行模型 $n+1$ 次，共计只需运行模型 $M\times(n+1)$ 次。与 Monte Carlo 方法相比，本方法既保证了良好的采样覆盖度，又为采样保留了一定余地进行随机取值。可以说 LH - OAT 方法是一种较为高效的敏感性分析方法。

3.4 XAJ 模型验证

3.4.1 XAJ 模型介绍及参数敏感性分析

1973 年赵人俊所领导的教研组在编制新安江入库洪水预报方案时提出了新安江（XAJ）模型，它是国内第一个完整的流域水文模型。最初提出的为二水源新安江模型，并逐步发展形成了如今广泛应用的三水源新安江模型[125]。该模型的主要特点是应用了蓄满产流概念，并且考虑了降雨及下垫面分布的不均匀性。首先将流域划分成若干个子单元，每个子单元内至少有一个雨量站，然后对划分好的每个子单元进行蒸散发、产流、分水源和汇流计算，得到单元流域出口流量过程；再进行单元流域出口以下的河道汇流计算，得到该单元流域在全流域出口的流量过程；最后将每个单元流域在全流域出口的流量过程线性叠加，得到全流域出口总流量过程。蒸散发计算采用三层蒸发模型；产流计算采用蓄满产流模型；分水源计算采用自由水蓄水库结构，将总径流划分为地表径流、壤中流和地下径流 3 种；流域汇流采用线性水库进行计算；河道汇流采用马斯京根分段连续演算法。

模型结构图如图 3.2 所示。图中方框外为模型参数，参数介绍见表 3.1（该表也列出了 XAJ 理想模型中的参数真值），方框内为模型的状态变量。模型输入为降雨过程 $P(t)$ 和蒸发皿蒸发过程 $EM(t)$；模型输出为流域出口断面流量过程 $Q(t)$ 和流域实际蒸散发过程 $E(t)$。

表 3.1　　XAJ 模型参数表

参数符号	单位	取值范围	真值	参数意义
K	—	0.2～2	0.95	流域蒸散发折算系数
WUM	mm	10～30	20	上层张力水容量

续表

参数符号	单位	取值范围	真值	参数意义
WLM	mm	60～200	80	下层张力水容量
WDM	mm	20～60	50	深层张力水容量
B	—	0～1	0.15	张力水蓄水容量曲线方次
C	—	0～1	0.16	深层蒸散发折散系数
SM	mm	0～60	40	表层自由水蓄水容量
EX	—	1～5	1.5	表层自由水蓄水容量曲线方次
KI	—	0.1～0.6	0.35	表层自由水蓄水库对壤中流的日出流系数
KG	—	0.1～0.6	0.35	表层自由水蓄水库对地下水的日出流系数
CS	—	0.1～0.7	0.6	河网蓄水消退系数
CI	—	0.6～0.9	0.8	壤中流消退系数
CG	—	0.95～1	0.98	地下水消退系数
KE	h	0～15	1	马斯京根演算参数，河段水流平均传播时间
XE	—	0～1	0.25	马斯京根演算参数，坦化系数

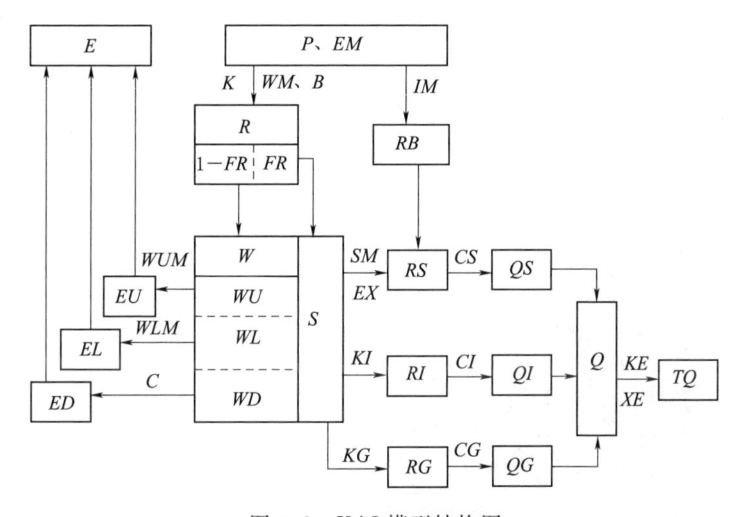

图 3.2 XAJ 模型结构图

表 3.2 是用 LH－OAT 方法得出的 XAJ 模型参数敏感性排序表，图 3.3 则是以图形形式更直观地展示了参数敏感性排序。15 个参数的敏感性排序为 *CS*、*K*、*CG*、*KI*、*KG*、*CI*、*SM*、*B*、*KE*、*XE*、*C*、*EX*、*WUM*、*WLM*、*WDM*，与以往的经验分析大致相同。因为分析是基于日模资料，所以蒸散发折算系数 *K* 靠前，此外在敏感性分析中采用的是误差平方和目标函数，该目标函数其实是赋予高水期误差大的权重，低水期小的权重。因此，影响日洪峰附近流量的

参数相对敏感，比如 CS、KI、CI 等。根据敏感性分析结果，后 5 个不敏感参数 C、EX、WUM、WLM、WDM 不参与参数优选，此外为了解决水源划分中参数不独立的问题，并根据壤中流的退水历时一般为 3d 左右，采用结构约束 $KI+KG=0.7$。因此本书对 XAJ 模型所优选的参数有 K、B、SM、KI、CS、CI、CG、KE、XE 这 9 个较敏感参数进行优选研究。

表 3.2　　XAJ 模型参数敏感性排序表

排　序	参　数	敏感性指标	排　序	参　数	敏感性指标
1	CS	67.31	9	KE	4.88
2	K	49.86	10	XE	2.63
3	CG	49.21	11	C	0.63
4	KI	36.92	12	EX	0.22
5	KG	33.18	13	WUM	0.06
6	CI	30.33	14	WLM	0.03
7	SM	18.32	15	WDM	0.02
8	B	12.02			

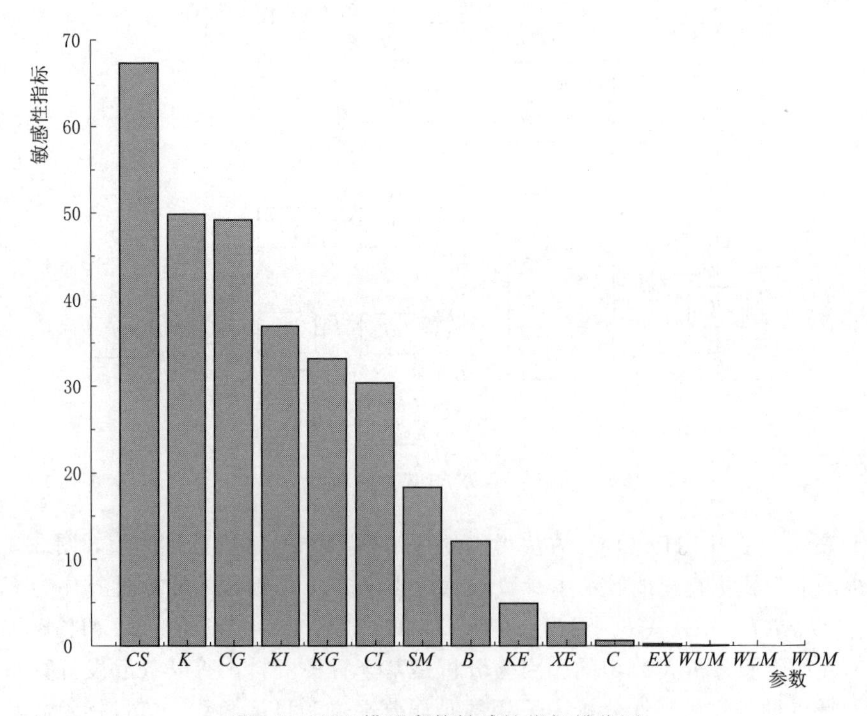

图 3.3　XAJ 模型参数敏感性指标排位图

3.4.2 不同参数维数检验

层次概念清晰是XAJ模型的一个重要结构特点，这一特点使得各层次间的参数优选尽可能独立，有效地减少了层次结构间的关联性，但是各层次间的水文过程有着千丝万缕的相关性，不可能做到完全独立。这些不独立性既存在层次之间，也存在于层次之内，这就势必导致层次间参数、层次内参数的不同组合，受参数间不同相关性的影响，为了全面检验系统响应参数率定法在XAJ模型参数优化中的有效性，本节实验设计及结果分析如下：

（1）实验一：将9个需要率定的参数两两组合，36种组合情况见表3.3，每种参数组合情况下都设置5组不同的参数初值，然后用SRPCM方法分别对这36组参数组合进行优选。目的是考察检验参数间的关联性是否对SRPCM方法有影响。

表3.3　　　　相异二维空间参数组合（XAJ模型）

组别	组合参数	组别	组合参数	组别	组合参数
1	*K*　*B*	13	*B*　*CG*	25	*KI*　*KE*
2	*K*　*SM*	14	*B*　*KE*	26	*KI*　*XE*
3	*K*　*KI*	15	*B*　*XE*	27	*CS*　*CI*
4	*K*　*CS*	16	*SM*　*KI*	28	*CS*　*CG*
5	*K*　*CI*	17	*SM*　*CS*	29	*CS*　*KE*
6	*K*　*CG*	18	*SM*　*CI*	30	*CS*　*XE*
7	*K*　*KE*	19	*SM*　*CG*	31	*CI*　*CG*
8	*K*　*XE*	20	*SM*　*KE*	32	*CI*　*KE*
9	*B*　*SM*	21	*SM*　*XE*	33	*CI*　*XE*
10	*B*　*KI*	22	*KI*　*CS*	34	*CG*　*KE*
11	*B*　*CS*	23	*KI*　*CI*	35	*CG*　*XE*
12	*B*　*CI*	24	*KI*　*CG*	36	*KE*　*XE*

36种参数组合5组不同参数初值的优选结果见表3.4。从该表可知，所有参数组合的5组率定结果都较为理想，率定结果不仅稳定、不受初值影响，而且都可以收敛到真值，系统响应参数率定方法在36种不同的样本参数函数曲面上均可以搜索到全局最优解。因此可以说SRPCM方法几乎不受参数间的弱关联性影响。

表 3.4 36 组二维参数空间下 5 组不同初值的参数优选结果（XAJ 模型）

组别	初值	率定终值	组别	初值	率定终值
1	(0.87，0.68)	(0.94999，0.14999)	7	(1.10，0.57)	(0.94999，0.99999)
	(1.16，0.27)	(0.94999，0.15000)		(0.70，0.90)	(0.94999，0.99999)
	(1.16，0.89)	(0.95000，0.14999)		(0.80，0.31)	(0.95001，1.00000)
	(0.71，0.40)	(0.95001，0.15000)		(0.61，0.45)	(0.94999，1.00000)
	(0.35，0.44)	(0.94999，0.15000)		(0.44，0.71)	(0.94999，1.00000)
2	(0.85，0.03)	(0.95000，40.00000)	8	(0.65，0.35)	(0.95000，0.24999)
	(0.87，0.51)	(0.95000，39.99999)		(0.83，0.90)	(0.94999，0.25000)
	(0.91，0.68)	(0.95000，40.00000)		(0.27，0.81)	(0.95001，0.24999)
	(0.54，0.14)	(0.94999，40.00001)		(0.66，0.31)	(0.95000，0.25000)
	(0.84，0.99)	(0.95000，40.00000)		(1.03，0.61)	(0.95001，0.24999)
3	(1.08，0.77)	(0.95000，0.34999)	9	(0.78，0.22)	(0.15000，39.99999)
	(0.73，0.25)	(0.94999，0.35001)		(0.93，0.64)	(0.14999，39.99999)
	(0.61，0.37)	(0.95001，0.34999)		(0.59，0.23)	(0.14999，40.00001)
	(0.34，0.54)	(0.95000，0.34999)		(0.73，0.34)	(0.14999，40.00001)
	(1.11，0.56)	(0.95000，0.35000)		(0.22，0.75)	(0.15000，40.00001)
4	(0.55，0.81)	(0.95000，0.60001)	10	(0.22，0.35)	(0.15001，0.34999)
	(0.98，0.65)	(0.95001，0.60000)		(0.93，0.65)	(0.15001，0.35000)
	(0.87，1.01)	(0.95001，0.60001)		(0.53，0.55)	(0.15000，0.35001)
	(0.50，0.32)	(0.95000，0.59999)		(0.37，0.30)	(0.15000，0.34999)
	(0.96，0.63)	(0.95001，0.60000)		(0.43，0.25)	(0.15000，0.35001)
5	(0.33，1.64)	(0.95000，0.80000)	11	(0.05，0.73)	(0.15000，0.60001)
	(1.14，0.88)	(0.95001，0.79999)		(0.84，0.20)	(0.15001，0.60001)
	(1.05，1.25)	(0.95000，0.80001)		(0.90，0.66)	(0.15000，0.60000)
	(0.84，0.72)	(0.95001，0.80000)		(0.30，0.24)	(0.15001，0.60000)
	(0.60，1.38)	(0.95000，0.80000)		(0.73，0.16)	(0.15000，0.60000)
6	(1.15，1.25)	(0.95001，0.97999)	12	(0.51，1.40)	(0.14999，0.80000)
	(0.82，1.25)	(0.95000，0.98000)		(0.75，0.73)	(0.14999，0.79999)
	(0.30，1.79)	(0.95001，0.97999)		(0.81，0.96)	(0.15000，0.80000)
	(0.94，1.17)	(0.94999，0.98001)		(0.04，1.40)	(0.14999，0.79999)
	(1.15，1.50)	(0.95000，0.98000)		(0.68，1.61)	(0.15000，0.80001)

续表

组别	初值	率定终值	组别	初值	率定终值
13	(0.09，1.05)	(0.15000，0.97999)	19	(0.40，1.22)	(40.00000，0.98000)
	(0.21，1.74)	(0.15001，0.97999)		(0.50，1.16)	(39.99999，0.98001)
	(0.27，1.58)	(0.15000，0.98000)		(1.00，1.23)	(40.00000，0.98000)
	(0.69，1.58)	(0.15001，0.97999)		(0.36，1.34)	(40.00001，0.98000)
	(0.34，1.44)	(0.14999，0.98000)		(0.83，1.06)	(40.00000，0.98001)
14	(0.99，0.25)	(0.15001，1.00000)	20	(0.37，0.85)	(40.00000，1.00000)
	(0.96，0.21)	(0.15000，0.99999)		(0.90，0.22)	(40.00000，1.00000)
	(0.16，0.04)	(0.15000，1.00000)		(0.70，0.67)	(39.99999，0.99999)
	(0.18，0.17)	(0.15000，0.99999)		(0.13，0.39)	(39.99999，1.00000)
	(0.87，0.45)	(0.15001，1.00000)		(0.61，0.46)	(40.00000，1.00000)
15	(0.94，0.04)	(0.15001，0.25001)	21	(0.80，0.23)	(40.00000，0.24999)
	(0.95，0.53)	(0.14999，0.25000)		(0.05，0.95)	(39.99999，0.25001)
	(0.54，0.35)	(0.14999，0.25000)		(0.11，0.69)	(40.00000，0.25000)
	(0.85，0.41)	(0.14999，0.25000)		(0.08，0.44)	(40.00000，0.24999)
	(0.23，0.96)	(0.15001，0.25000)		(0.62，0.54)	(40.00000，0.25001)
16	(0.18，0.88)	(40.00000，0.35001)	22	(0.51，0.39)	(0.35001，0.60000)
	(0.60，0.63)	(40.00000，0.35000)		(0.92，0.97)	(0.34999，0.60000)
	(0.18，0.52)	(40.00000，0.35000)		(0.99，0.55)	(0.34999，0.59999)
	(0.15，0.17)	(40.00001，0.34999)		(0.64，0.71)	(0.35000，0.60000)
	(0.22，0.78)	(40.00001，0.34999)		(0.11，1.05)	(0.35000，0.60001)
17	(0.77，0.51)	(40.00001，0.60000)	23	(0.65，0.71)	(0.35000，0.80000)
	(0.32，0.11)	(40.00000，0.60000)		(0.51，1.10)	(0.35001，0.80001)
	(0.24，0.82)	(39.99999，0.60000)		(1.09，0.87)	(0.34999，0.80000)
	(0.66，0.51)	(40.00000，0.60001)		(0.45，1.18)	(0.35000，0.79999)
	(0.73，1.07)	(40.00000，0.60000)		(0.97，1.18)	(0.35001，0.80000)
18	(0.04，1.67)	(39.99999，0.80000)	24	(0.35，1.40)	(0.35001，0.98000)
	(0.31，1.20)	(40.00001，0.80000)		(0.73，1.14)	(0.35000，0.97999)
	(0.39，1.06)	(39.99999，0.80001)		(0.25，1.61)	(0.34999，0.98000)
	(0.42，1.14)	(40.00000，0.79999)		(0.68，1.81)	(0.35000，0.98000)
	(0.30，1.03)	(40.00000，0.80001)		(0.37，0.96)	(0.35000，0.98001)

续表

组别	初值	率定终值	组别	初值	率定终值
25	(0.50，0.90)	(0.34999，1.00001)	31	(1.23，1.10)	(0.80001，0.97999)
	(0.52，0.52)	(0.35000，0.99999)		(0.85，1.60)	(0.80000，0.98001)
	(0.81，0.01)	(0.34999，1.00001)		(1.41，1.35)	(0.80000，0.98001)
	(0.69，0.75)	(0.34999，1.00001)		(0.87，1.77)	(0.80001，0.98000)
	(0.58，0.76)	(0.35000，0.99999)		(1.66，1.88)	(0.80000，0.97999)
26	(0.48，0.35)	(0.35001，0.25001)	32	(1.62，0.53)	(0.80000，0.99999)
	(0.68，0.02)	(0.35000，0.24999)		(1.22，0.54)	(0.79999，1.00000)
	(0.67，0.57)	(0.35000，0.25001)		(0.99，0.68)	(0.80000，1.00000)
	(0.38，0.50)	(0.35000，0.25000)		(1.22，0.35)	(0.80001，0.99999)
	(0.63，0.69)	(0.35000，0.25001)		(0.96，0.77)	(0.80001，1.00001)
27	(0.83，0.94)	(0.60000，0.79999)	33	(1.17，0.34)	(0.80001，0.25000)
	(0.92，1.32)	(0.60001，0.79999)		(1.20，0.33)	(0.80001，0.25000)
	(0.58，0.80)	(0.59999，0.80000)		(1.48，0.77)	(0.79999，0.25001)
	(0.71，1.02)	(0.60001，0.80001)		(1.48，0.53)	(0.80000，0.25000)
	(1.07，0.97)	(0.60000，0.80001)		(0.93，0.77)	(0.80000，0.25001)
28	(0.31，1.29)	(0.60001，0.98000)	34	(1.49，0.56)	(0.97999，1.00000)
	(0.12，1.72)	(0.60000，0.98000)		(1.47，0.77)	(0.98000，1.00000)
	(0.69，1.23)	(0.60000，0.98001)		(1.29，0.22)	(0.98000，1.00000)
	(0.44，1.90)	(0.60001，0.98000)		(1.68，0.05)	(0.98000，1.00000)
	(0.95，1.31)	(0.59999，0.98000)		(1.35，0.39)	(0.98000，1.00000)
29	(0.15，0.99)	(0.60000，1.00000)	35	(1.76，0.21)	(0.97999，0.25000)
	(0.83，0.85)	(0.60001，1.00000)		(1.01，0.51)	(0.98000，0.24999)
	(0.25，0.38)	(0.60001，1.00001)		(1.08，0.67)	(0.98001，0.25001)
	(0.20，0.60)	(0.60000，1.00001)		(1.27，0.11)	(0.98001，0.25000)
	(0.12，0.48)	(0.59999，1.00001)		(1.89，0.18)	(0.97999，0.25001)
30	(0.60，0.56)	(0.60000，0.25000)	36	(0.30，0.30)	(1.00000，0.25000)
	(1.05，0.92)	(0.60000，0.25000)		(0.88，0.33)	(1.00000，0.24999)
	(0.68，0.23)	(0.60000，0.25000)		(0.78，0.26)	(1.00001，0.25000)
	(0.70，0.21)	(0.60000，0.25000)		(0.47，0.04)	(0.99999，0.25000)
	(0.75，0.21)	(0.60000，0.24999)		(0.67，0.75)	(1.00000，0.25000)

（2）实验二：2、4、6、8、9 不同参数维数空间对比研究，本实验中参数的选择是按照优选参数的顺序（K、B、SM、KI、CS、CI、CG、KE、XE）选择的。2 维参数是选择前两个参数，即 K、B；4 维参数是选择前 4 个参数，即 K、B、SM、KI；其他情况以此类推。然后用系统响应参数率定方法在每种参数维数空间下进行 100 次不同参数初值的模型参数优选。此实验的目的是分析不同参数维数对 SRPCM 方法的影响。

表 3.5 展示了 XAJ 模型在不同参数维数空间下 100 组参数优选结果的性能指标，可以看出：①所有的成功率 N_s 都是 100%，说明不同维数下 SRPCM 方法都可以找到参数真值；②目标函数 SLS 皆很小，几乎为 0，说明 SRPCM 方法精度很高；③循环次数 $INum$ 最大值为 11 次，最小值为 6 次；率定时间 CT 皆在 20s 内；模型运算次数最大值为 214 次，最小值为 81 次，这三个指标说明 SRPCM 方法效率较高，节省机时；④横向比较可知，随着参数维数增加，SLS、$INum$、CT、MR 皆有所增加，主要是体现在率定效率上，这属于合理情况，因为参数越多，问题越复杂，并且方法中 $\boldsymbol{S}$ 矩阵会越大，从而模型计算次数也会增加，继而率定时间会增长。但是，即使参数维数是 9，优选结果还是非常令人满意的。

表 3.5　不同参数维数空间下 100 组参数优选结果性能指标（XAJ 理想模型）

性能指标	2 维	4 维	6 维	8 维	9 维
N_s	100%	100%	100%	100%	100%
SLS（均值）	4.31×10^{-8}	2.33×10^{-7}	3.58×10^{-7}	3.82×10^{-7}	5.09×10^{-7}
$INum$（均值）/次	6	6	7	7	11
CT（均值）/S	10	11	14	15	18
MR（均值）/次	81	97	115	136	214

3.4.3 不同方法对比研究

为更清楚地展现 SRPCM 方法的优缺点，所以选择传统优化算法的代表（单纯形法）以及现代优化算法的代表（SCE - UA 方法），进行比较研究，每种优化算法都进行 100 次不同初值的参数寻优，比较的性能有稳定性、精度以及率定效率。

1. 稳定性比较

图 3.4 展示的是每种方法的 100 组优选参数终值分布，图中横坐标是 XAJ 模型各参数符号，纵坐标是标准化的参数值（因为每一个参数尺度大小不同，所以进行标准化，以便在同一张图上清晰地展示），图 3.4（a）是 SRPCM 方法的优选结果，图 3.4（b）是 Simplex 方法的优选结果，图 3.4（c）是 SCE - UA

方法的优选结果。每一张小图上共有 102 条线，100 条灰色实线代表 100 组不同参数初值下的参数优选值，1 条黑色实线代表的是各参数真值，1 条黑色虚线代表的是 100 组参数优选结果的平均值。从该图可以看出：①SRPCM 方法的 100 组优选结果、平均值和真值位置几乎完全一致，因此 102 条曲线重合在一起，所以在图 3.4（a）上表现为一条线，说明 SRPCM 方法很稳定；②Simplex方法的 100 组优选结果非常分散，与真值位置距离有远有近，均值也并没有与真值重合，可见 Simplex 方法受参数初影响较大，稳定性很差；③SCE - UA 方法的 100 组优选结果类似 SRPCM 方法，几乎都落在真值处，除了参数 XE。

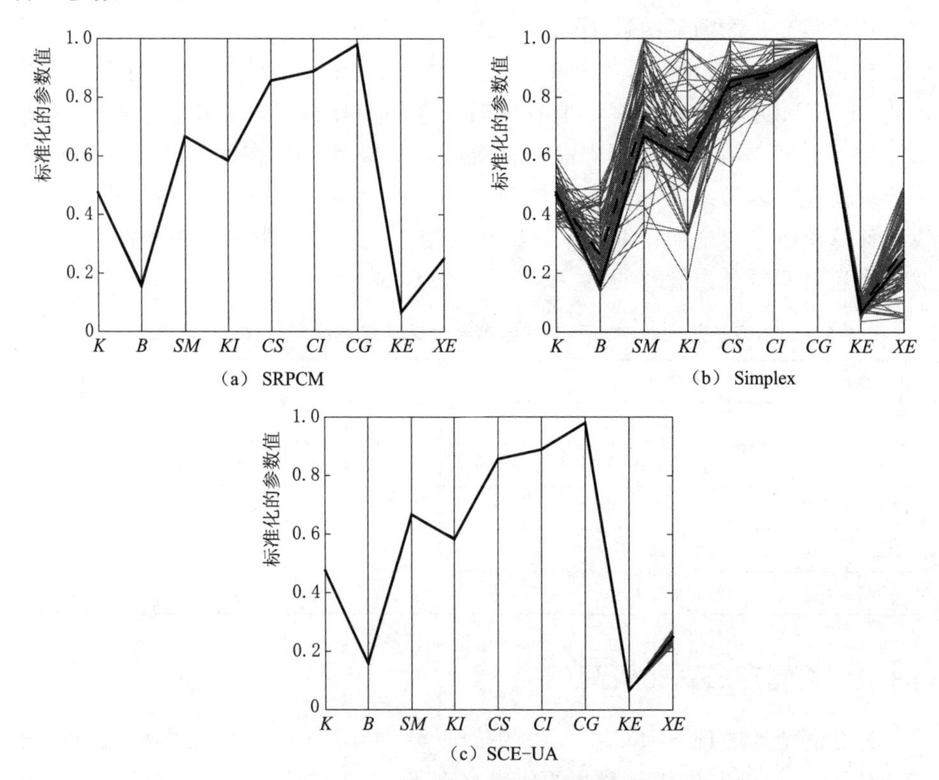

图 3.4 三种方法 100 组优选参数终值分布（XAJ 理想模型）

以上是以图形的形式直观地展现了各方法的稳定性，表 3.6 则是以指标——参数方差 $Pvar$ 定量地比较了 SRPCM、Simplex 和 SCE - UA 三种方法的稳定性。$Pvar$ 值越大代表方法越不稳定，越小则代表方法越稳定。纵向比较每一个参数值的方差，可以看出都是 SRPCM 方法的最小，SCE - UA 方法次之，Simplex 方法的最大。很显然在 XAJ 模型参数率定过程中，SRPCM 方法稳定性最好，SCE - UA 方法次之，Simplex 方法最差。

表 3.6　三种方法 100 组优选结果的各参数 *Pvar* 值（XAJ 理想模型）

方法	*K*	*B*	*SM*	*KI*	*CS*	*CI*	*CG*	*KE*	*XE*
SRPCM	6.74×10^{-15}	1.77×10^{-13}	7.08×10^{-11}	6.77×10^{-15}	1.56×10^{-15}	1.26×10^{-15}	1.97×10^{-31}	7.17×10^{-13}	2.09×10^{-10}
Simplex	0.009	0.011	71.041	0.008	0.002	0.002	0.000	0.133	0.014
SCE-UA	2.92×10^{-8}	2.27×10^{-8}	1.96×10^{-4}	3.46×10^{-8}	2.37×10^{-9}	6.95×10^{-9}	4.97×10^{-11}	3.35×10^{-6}	3.16×10^{-4}

2. 精度及率定效率比较

对于精度比较可以用参数率定值与真值之间的相对误差绝对值之和 *SARE* 以及误差平方和 *SLS* 来体现，对于效率可以用循环次数 *INum*、率定时间 *CT* 以及模型运算次数 *MR* 来比较。

表 3.7 列出了三种方法 100 组优选结果的各参数 *SARE* 值，纵向比较可以看出，每个参数都是 SRPCM 方法的最小，几乎为 0，SCE-UA 方法其次，Simplex 方法最大，显然 *SARE* 越小代表方法精度越高。并且从三种方法优选结果各指标的累积分布函数图 3.5 可以看出：①对于 SRPCM 方法 100 组优选结果中，75%的目标函数都小于 2.4×10^{-7}，几乎为 0；②对于 Simplex 方法，每种频率下对应的目标函数皆较大，分别为 25%—13414、50%—136624、75%—256219；③对于 SCE-UA 方法，75%的目标函数小于 0.98，也较小。因此可以得出：在率定 XAJ 模型参数过程中，SRPCM 方法精度最高，SCE-UA 方法其次，Simplex 方法最低。

表 3.7　三种方法 100 组优选结果的各参数 *SARE* 值（XAJ 理想模型）

方法	*K*	*B*	*SM*	*KI*	*CS*	*CI*	*CG*	*KE*	*XE*
SRPCM	4.42×10^{-6}	1.96×10^{-4}	1.28×10^{-5}	1.69×10^{-5}	2.67×10^{-6}	1.75×10^{-6}	0	6.63×10^{-5}	6.73×10^{-3}
Simplex	7.307	68.111	16.970	17.450	5.496	3.779	0.460	35.594	41.125
SCE-UA	1.84×10^{-2}	8.02×10^{-2}	3.42×10^{-2}	4.24×10^{-2}	7.31×10^{-3}	9.55×10^{-3}	8.27×10^{-4}	1.43×10^{-1}	6.45

从图 3.5 可知，不论 *INum*、*CT* 还是 *MR* 都是 SRPCM 方法每种频率下对应的值最小，Simplex 方法次之，SCE-UA 方法最大。对于 *INum*，75%频率下 SRPCM 方法、Simplex 方法、SCE-UA 方法分别是 12 次、180 次、7505 次；对于 *CT*，75%频率下三种方法分别为 21s、145.2s、1449.3s；对于 *MR*，75%频率下三种方法则分别为 240 次、2160 次、17617 次。此外，从图 3.6 基于 100 组优选结果的三种方法的优选效率比较，可以更直观地得出同样的结论。该图横坐标是 *CT* 取以 10 为底的对数后的值，纵坐标是 *MR* 同样取对数后的值。从该图可以看到：①三种方法的

MR 与 *CT* 的关系基本在同一条直线上，说明率定时间与模型运算次数基本呈线性关系；②SRPCM 方法的点基本在这条直线的底端，Simplex 方法基本在这条线的中部，SCE－UA 方法的点则在最上端，因此可以说，在 XAJ 模型参数率定中，三种方法的率定效率 SRPCM 方法最高，Simplex 方法次之，SCE－UA 方法最慢。

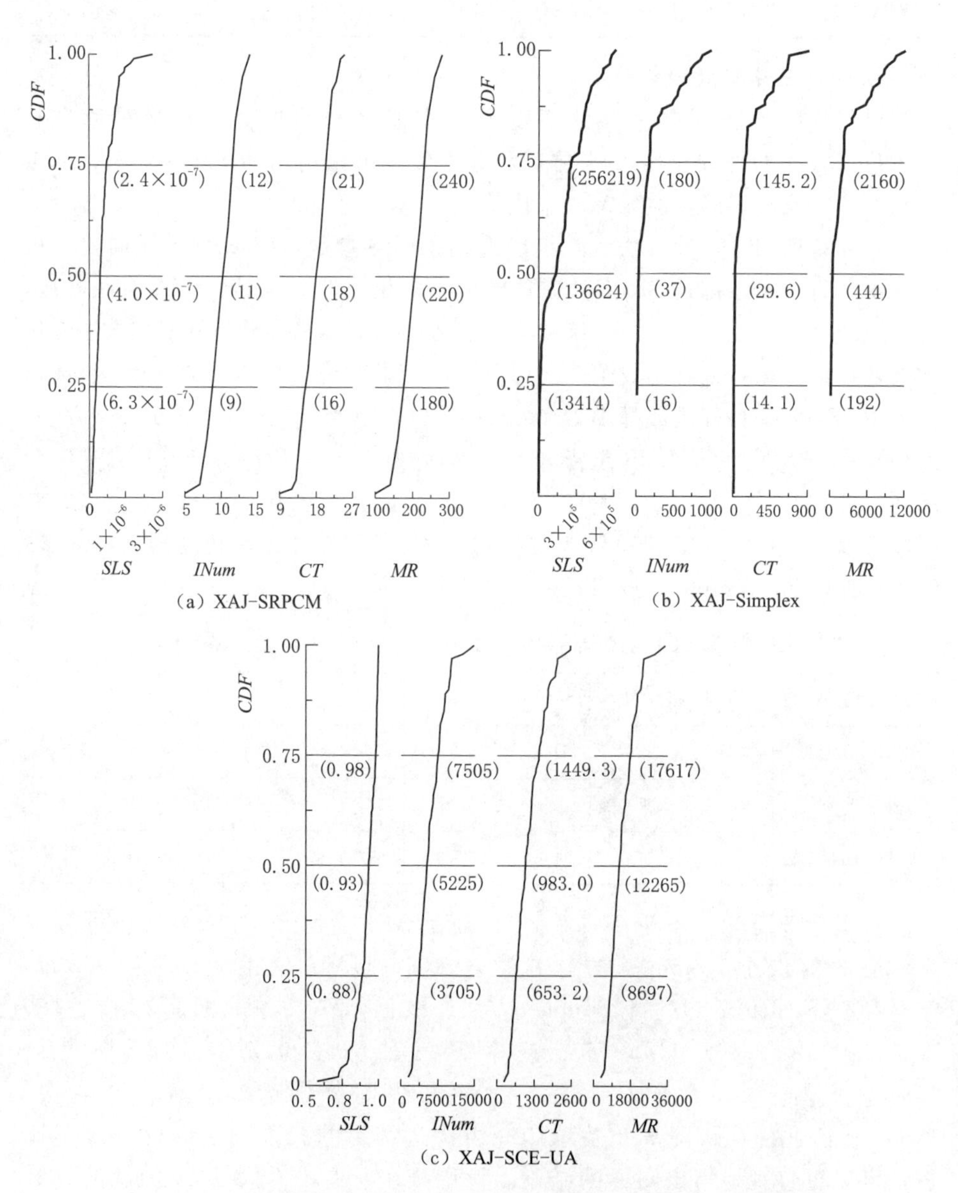

图 3.5　三种方法优选结果各指标的累积分布函数图（XAJ 理想模型）

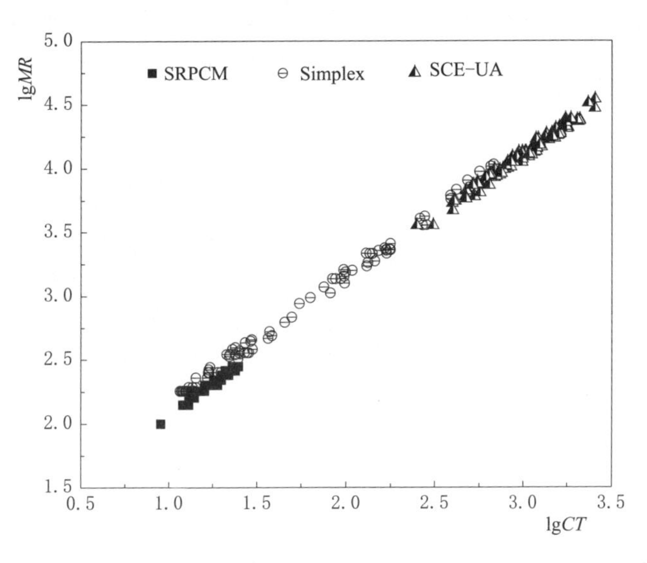

图3.6 基于100组优选结果的三种方法的优选效率对比（XAJ理想模型）

3.5 NAM模型验证

3.5.1 NAM模型介绍及参数敏感性分析

NAM模型是由丹麦理工大学Nielsen和Hansen于1973年提出的一种概念性降雨径流模型[126]。自提出之后，在丹麦水利部门以及在英国、比利时等多个国家得到了有效验证[127, 128]。丹麦水利学研究所将该模型进一步完善，并将其纳入到MIKE11河流预报系统中，使得该模型随着MIKE11系统在全世界的推广而得到更为广泛的应用研究。同样在我国，随着MIKE11系统被大力引进，也带动了NAM模型在我国的应用实践。所以，本书选择该模型进行参数优选研究有利于加深对NAM模型的理解，对实际生产有一定的指导作用。NAM模型也是一种概念性水文模型，通过对水文循环陆面过程进行简化处理，采用了4个不同的蓄水体进行产流模拟计算。这4层蓄水体分别为融雪蓄水层、地表蓄水层、浅层蓄水层和地下蓄水层。考虑到我国大部分地区，融雪径流成分较少，特别是华东、华南水资源较为丰富的地区更是如此，因此，本研究暂不考虑融雪径流部分，只考虑另外3层蓄水体。模型要求的输入资料主要有降水和流域蒸散发能力，考虑到实际应用情况，一般很难直接获取流域蒸散发能力，但可以获得器皿蒸发，因此，引入一个新的参数——蒸散发折算系数KC，利用流域内蒸发皿实测水面蒸发进行折算，相当于对NAM模型进行了一个小小的改进。NAM模型结构图如图3.7所示，改进后的NAM模型共有10个参数，参数介绍见表3.8，其中理想模型中的参数真值见该表第4列。

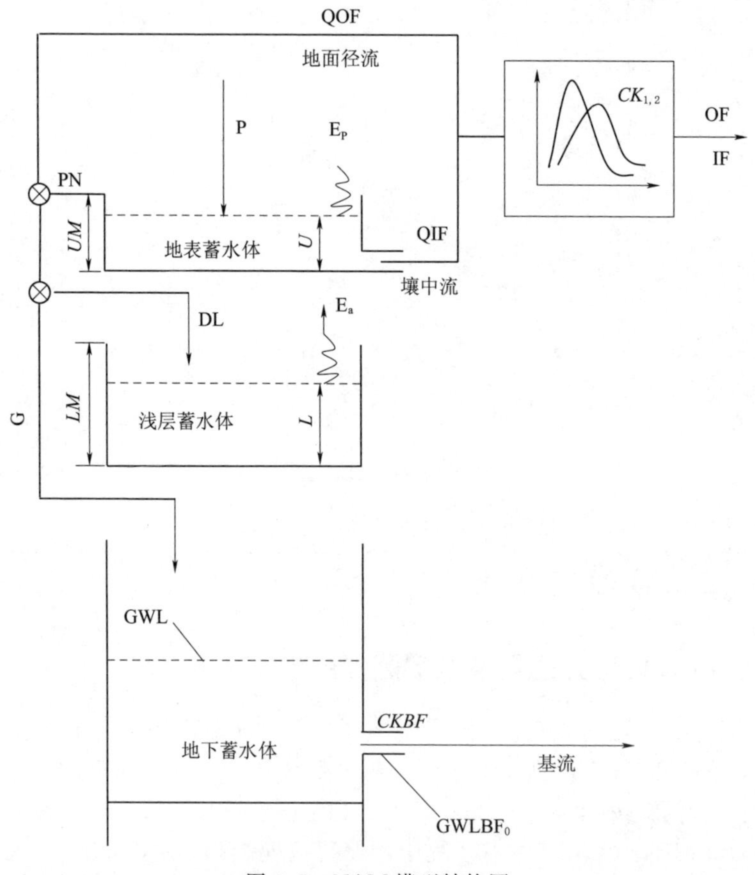

图3.7 NAM模型结构图

表3.8 **NAM 模型参数表**

参数符号	单位	取值范围	真值	参数意义
KC	—	0.2～2	0.85	蒸散发折算系数
UM	mm	5～60	20	地表蓄水体蓄水容量（影响蒸发和小洪峰）
LM	mm	50～400	115	浅层蓄水体蓄水容量（影响蒸发和水量）
CQOF	—	0—1	0.55	地表径流系数（表征净雨中地表径流和下渗量分配比例）
CKIF	d	0～50	25	壤中流出流时间常数（和 *UM* 一起决定壤中流的产流量）
CKBF	d	20～200	100	基流出流时间常数（决定了干旱期流量过程线的形状）
$CK_{1,2}$	d	0～3	1.3	地表径流和壤中流汇流时间常数（影响洪峰形状）

续表

参数符号	单位	取值范围	真值	参数意义
TOF	—	0～1	0.37	地表径流补给量计算阈值
TIF	—	0～1	0.7	壤中流补给量计算阈值
TG	—	0～1	0.2	地下径流补给量计算阈值

表 3.9 是用 LH－OAT 方法得出的 NAM 模型参数敏感性排序表，图 3.8 则是以图形的形式更直观地展示了模型参数敏感性排序。10 个参数的敏感性排序为 *CQOF*、*KC*、*TG*、*TOF*、$CK_{1,2}$、*TIF*、*CKIF*、*UM*、*CKBF*、*LM*。与 XAJ 模型类似，蒸散发折算系数 *KC* 以及影响洪峰附近流量的参数排序靠前。根据敏感性分析结果，后两个不敏感参数 *CKBF*、*LM* 不参与参数优选，其他 8 个相对敏感参数进行优选研究。

表 3.9　　NAM 模型参数敏感性排序表

排序	参数	敏感性指标	排序	参数	敏感性指标
1	*CQOF*	102.58	6	*TIF*	10.99
2	*KC*	28.67	7	*CKIF*	1.54
3	*TG*	14.73	8	*UM*	1.24
4	*TOF*	14.53	9	*CKBF*	0.12
5	$CK_{1,2}$	11.09	10	*LM*	0.03

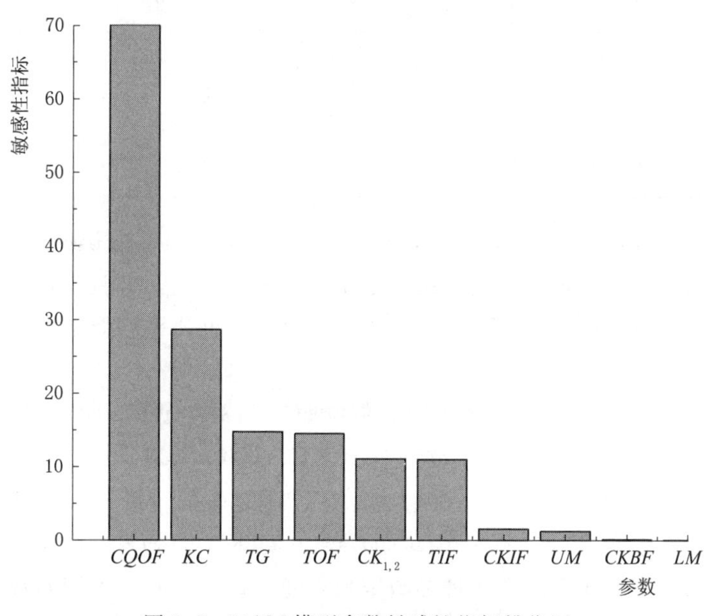

图 3.8　NAM 模型参数敏感性指标排位图

3.5.2 不同参数维数检验

NAM模型其层次结构虽不如XAJ模型那么明显清晰，但是各参数之间的相关性依然存在，也不可能做到完全独立，所以同样设计类似的实验研究。

（1）实验一：将8个需要率定的参数两两组合，28种组合情况见表3.10，每种参数组合情况下也都设置5组不同的参数初值，然后用SRPCM方法分别对这28组参数组合进行优选。此实验的目的同样是考察NAM各参数间的关联性对SRPCM方法是否有影响。

表3.10 相异二维空间参数组合（NAM模型）

组别	组合参数	组别	组合参数	组别	组合参数
1	*KC UM*	11	*UM TOF*	21	*CKIF TIF*
2	*KC CQOF*	12	*UM TIF*	22	*CKIF TG*
3	*KC CKIF*	13	*UM TG*	23	$CK_{1,2}$ *TOF*
4	*KC* $CK_{1,2}$	14	*CQOF CKIF*	24	$CK_{1,2}$ *TIF*
5	*KC TOF*	15	*CQOF* $CK_{1,2}$	25	$CK_{1,2}$ *TG*
6	*KC TIF*	16	*CQOF TOF*	26	*TOF TIF*
7	*KC TG*	17	*CQOF TIF*	27	*TOF TG*
8	*UM CQOF*	18	*CQOF TG*	28	*TIF TG*
9	*UM CKIF*	19	*CKIF* $CK_{1,2}$		
10	*UM* $CK_{1,2}$	20	*CKIF TOF*		

表3.11列出了28种NAM模型参数组合5组不同参数初值的优选结果。从该表可知，所有参数组合的5组率定结果也都很稳定，并且都可以寻找到参数真值，因此可以说SRPCM方法在NAM模型中也几乎不受参数间的弱关联性影响。

（2）实验二：2、4、6、8不同参数维数空间对比研究，本实验中参数的选择也是按照参与优选的参数顺序（*KC*、*UM*、*CQOF*、*CKIF*、$CK_{1,2}$、*TOF*、*TIF*、*TG*）选择的。2维参数也是选择的前两个参数，即*KC*、*UM*；4维参数选择的前4个参数，即*KC*、*UM*、*CQOF*、*CKIF*；其他情况以此类推。然后用SRPCM方法在4种参数维数空间下进行100次不同参数初值的模

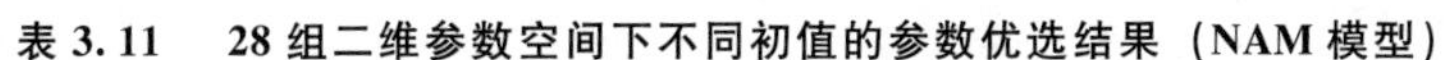

表 3.11　28 组二维参数空间下不同初值的参数优选结果（NAM 模型）

组别	初值	率定终值	组别	初值	率定终值
	(0.91，5.53)	(0.85000，20.00000)		(0.27，0.11)	(0.85000，0.19999)
	(0.50，5.78)	(0.84999，20.00001)		(0.20，0.54)	(0.85000，0.20000)
1	(1.01，5.71)	(0.84999，20.00000)	7	(1.03，0.08)	(0.84999，0.20000)
	(1.06，5.79)	(0.85000，20.00001)		(0.65，0.36)	(0.84999，0.20000)
	(1.07，5.06)	(0.85001，20.00000)		(1.13，0.53)	(0.84999，0.20001)
	(0.73，0.77)	(0.84999，0.55000)		(5.40，0.46)	(20.00000，0.54999)
	(0.67，0.30)	(0.85000，0.55000)		(5.33，0.10)	(20.00000，0.54999)
2	(0.46，0.28)	(0.85001，0.55001)	8	(5.93，0.10)	(20.00000，0.55000)
	(0.79，0.99)	(0.85001，0.54999)		(5.87，0.75)	(20.00000，0.55000)
	(0.90，0.98)	(0.84999，0.55000)		(5.26，0.09)	(19.99999，0.55000)
	(0.31，1.00)	(0.85000，24.99999)		(5.79，0.30)	(19.99999，25.00000)
	(0.78，0.10)	(0.84999，25.00001)		(5.26，0.34)	(19.99999，25.00000)
3	(0.48，0.05)	(0.85000，25.00000)	9	(5.21，0.87)	(20.00000，25.00001)
	(0.50，0.95)	(0.85001，25.00000)		(5.93，0.33)	(20.00000，24.99999)
	(0.48，0.16)	(0.84999，25.00000)		(5.63，0.41)	(20.00001，24.99999)
	(0.61，0.41)	(0.85000，1.30000)		(5.92，0.62)	(20.00000，1.29999)
	(0.83，0.21)	(0.84999，1.30000)		(5.48，0.22)	(20.00001，1.29999)
4	(0.28，0.46)	(0.85001，1.30000)	10	(5.03，0.35)	(20.00000，1.30001)
	(0.99，0.38)	(0.85000，1.30001)		(5.54，0.41)	(20.00001，1.30001)
	(0.83，0.63)	(0.85000，1.29999)		(5.67，0.72)	(20.00001，1.30000)
	(0.76，0.69)	(0.85001，0.37001)		(5.50，0.41)	(20.00000，0.36999)
	(0.22，0.54)	(0.85001，0.37000)		(5.42，0.54)	(20.00001，0.37000)
5	(0.88，0.50)	(0.85000，0.37000)	11	(5.43，0.51)	(19.99999，0.37000)
	(0.55，0.41)	(0.85000，0.36999)		(5.49，0.68)	(20.00001，0.37000)
	(0.44，0.98)	(0.84999，0.37000)		(5.30，0.29)	(19.99999，0.37000)
	(0.57，0.49)	(0.84999，0.70000)		(5.22，0.59)	(20.00000，0.70001)
	(0.46，0.63)	(0.85000，0.69999)		(5.48，0.19)	(20.00000，0.70000)
6	(1.14，0.65)	(0.85000，0.70000)	12	(5.61，0.78)	(19.99999，0.70001)
	(0.31，0.78)	(0.85000，0.70001)		(5.20，0.96)	(19.99999，0.69999)
	(0.80，0.83)	(0.84999，0.69999)		(5.79，0.38)	(20.00000，0.69999)

续表

组别	初值	率定终值	组别	初值	率定终值
13	(5.12，0.17)	(19.99999，0.20000)	19	(0.34，0.71)	(25.00000，1.30001)
	(5.53，0.56)	(19.99999，0.20000)		(0.15，0.59)	(25.00001，1.29999)
	(5.75，0.75)	(20.00000，0.20001)		(0.94，0.11)	(25.00001，1.30000)
	(5.75，0.09)	(20.00000，0.20000)		(0.60，0.90)	(25.00000，1.29999)
	(5.02，0.43)	(20.00000，0.20000)		(0.86，0.08)	(25.00000，1.30001)
14	(0.99，0.80)	(0.55000，25.00000)	20	(0.25，0.38)	(25.00000，0.37000)
	(0.73，0.28)	(0.55000，25.00000)		(0.27，0.58)	(24.99999，0.36999)
	(0.95，0.12)	(0.55000，25.00000)		(0.90，0.11)	(25.00000，0.37001)
	(0.10，0.19)	(0.54999，25.00000)		(0.23，0.95)	(25.00001，0.37000)
	(0.96，0.54)	(0.55000，25.00001)		(0.49，0.77)	(25.00001，0.37000)
15	(0.22，0.38)	(0.55000，1.30000)	21	(0.20，0.33)	(25.00000，0.69999)
	(0.50，0.14)	(0.55000，1.30001)		(0.62，0.10)	(24.99999，0.70000)
	(0.56，0.91)	(0.55000，1.30000)		(0.50，0.18)	(25.00001，0.70000)
	(0.69，0.06)	(0.55001，1.30000)		(0.00，0.43)	(25.00000，0.70001)
	(0.50，0.16)	(0.54999，1.30000)		(0.89，0.82)	(24.99999，0.69999)
16	(0.78，0.05)	(0.55000，0.37001)	22	(0.01，0.15)	(25.00000，0.19999)
	(0.80，0.33)	(0.55001，0.37001)		(0.98，0.87)	(25.00000，0.20000)
	(0.68，0.91)	(0.55001，0.37000)		(0.15，0.26)	(24.99999，0.20001)
	(0.12，0.95)	(0.55001，0.37000)		(0.78，0.79)	(25.00000，0.20000)
	(0.40，0.02)	(0.54999，0.36999)		(0.56，0.80)	(25.00000，0.19999)
17	(0.51，0.41)	(0.54999，0.70000)	23	(0.21，0.37)	(1.30000，0.37000)
	(0.64，0.85)	(0.55000，0.69999)		(0.53，0.43)	(1.30000，0.36999)
	(0.90，0.37)	(0.55000，0.70001)		(0.55，0.21)	(1.30001，0.37001)
	(0.22，0.45)	(0.54999，0.70001)		(0.99，0.84)	(1.30000，0.37001)
	(0.61，0.37)	(0.55000，0.70001)		(0.99，0.26)	(1.29999，0.37000)
18	(0.59，0.93)	(0.55000，0.20000)	24	(0.02，0.34)	(1.30000，0.69999)
	(0.87，0.26)	(0.55000，0.19999)		(0.11，0.29)	(1.30000，0.70000)
	(0.35，0.00)	(0.55000，0.20001)		(0.31，0.30)	(1.30001，0.70000)
	(0.28，0.70)	(0.55000，0.20001)		(0.38，0.40)	(1.30001，0.70000)
	(0.74，0.44)	(0.54999，0.20000)		(0.73，0.66)	(1.30000，0.70001)

续表

组别	初值	率定终值	组别	初值	率定终值
25	(0.65，0.52)	(1.29999，0.20000)	27	(0.42，0.55)	(0.37000，0.20001)
	(0.75，0.46)	(1.30001，0.20000)		(0.04，0.41)	(0.36999，0.20000)
	(0.67，0.89)	(1.30000，0.20000)		(0.60，0.52)	(0.37000，0.20000)
	(0.01，0.30)	(1.30001，0.20001)		(0.91，0.77)	(0.37000，0.20000)
	(0.58，0.61)	(1.30000，0.20000)		(0.73，0.16)	(0.36999，0.19999)
26	(0.79，0.86)	(0.36999，0.70000)	28	(0.76，0.95)	(0.70000，0.20000)
	(0.42，0.07)	(0.37000，0.70000)		(0.79，0.04)	(0.70001，0.20000)
	(0.50，0.41)	(0.37001，0.70001)		(0.21，0.60)	(0.70001，0.20001)
	(0.59，0.53)	(0.37000，0.69999)		(0.65，0.02)	(0.70000，0.20001)
	(0.18，0.28)	(0.36999，0.69999)		(0.01，0.95)	(0.69999，0.20000)

型参数优选。此实验的目的同样是分析不同 NAM 模型参数维数对 SRPCM 方法的影响。

表 3.12 展示了 NAM 模型在 4 种不同维数下 100 组参数优选结果的性能指标，可以看出：①所有的成功率 N_s 也都是 100%，说明不同参数维数下 SRPCM 方法都可以找到参数真值；②目标函数 *SLS* 几乎为 0，说明在 NAM 模型应用中 SRPCM 方法精度很高；③循环次数 *INum* 最大值为 9 次，最小值为 5 次；率定时间 *CT* 皆在 30s 内；模型运算次数最大值为 170 次，最小值为 60 次，这三个指标说明 SRPCM 方法效率较高，节省机时；④此外，随着参数维数增加，*SLS*、*INum*、*CT*、*MR* 皆有所增大，主要是体现在率定效率上，率定时间会增长，但即使是 8 维，平均率定时间也就半分钟，效率很高。

表 3.12　不同参数维数空间下 100 组参数优选结果性能指标（NAM 模型）

性能指标	2 维	4 维	6 维	8 维
N_s	100%	100%	100%	100%
SLS（均值）	3.51×10^{-7}	4.06×10^{-7}	5.91×10^{-7}	7.19×10^{-7}
INum（均值）/次	5	6	8	9
CT（均值）/s	11	19	28	30
MR（均值）/次	60	94	135	170

3.5.3 不同方法对比研究

同样在 NAM 模型中，SRPCM 方法、Simplex 方法以及 SCE－UA 方法每种优化算法都进行 100 次不同初值的参数寻优，然后整理优选结果，对三种方法的稳定性、精度以及率定效率进行比较。

1. 稳定性比较

图 3.9 展示的是三种方法的 100 组优选参数终值分布，图中横坐标是 NAM 模型各参数符号，纵坐标是标准化的参数值。图 3.9（a）、（b）、（c）分别是 SRPCM、Simplex、SCE－UA 方法的优选结果，每一张小图上也共有 102 条线，100 条灰色实线代表 100 组不同参数初值下的参数优选值，1 条黑色实线代表的是各参数真值，1 条黑色虚线代表的是 100 组参数优选结果的平均值。从该图同样可以看出：①SRPCM 方法的每组优选结果同真值位置几乎完全一致，因此 100 条灰色线和均值线以及真值线重合在一起，看似一条线；②Simplex 方法的 100 组优选结果非常分散，均值与真值也不完全重合；

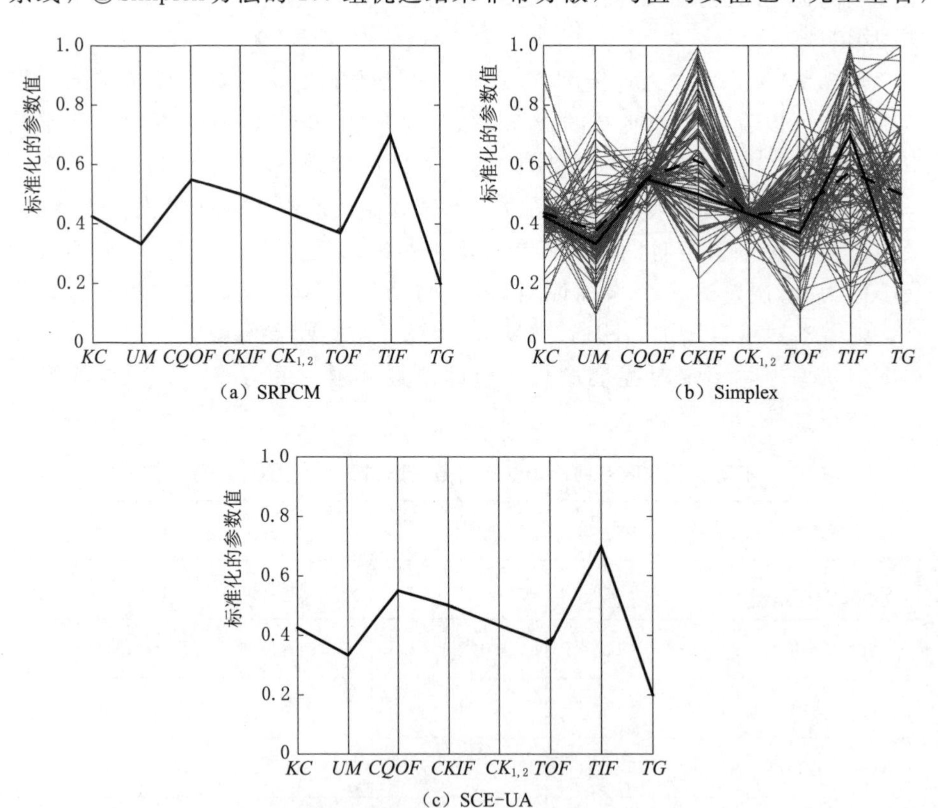

（a）SRPCM

（b）Simplex

（c）SCE-UA

图 3.9　三种方法 100 组参数优选终值分布（NAM 理想模型）

③SCE-UA方法的100组优选结果类似SRPCM方法非常稳定，也都落在真值处。该图直观地说明了SRPCM和SCE-UA方法的稳定性较好，Simplex方法较差。

表3.13以指标——参数方差*Pvar*进一步定量地比较了三种方法的稳定性。纵向比较每一个参数值的方差，可以看出同样也都是SRPCM方法的最小，SCE-UA方法次之，Simplex方法最大。因此，在NAM模型参数率定过程中，同样SRPCM方法表现最稳定性最好，SCE-UA方法略次之，Simplex方法最差。

表3.13　三种方法100组优选结果的各参数*Pvar*值（NAM理想模型）

方法	*KC*	*UM*	*CQOF*	*CKIF*	$CK_{1,2}$	*TOF*	*TIF*	*TG*
SRPCM	5.58×10^{-15}	5.18×10^{-11}	1.34×10^{-15}	1.81×10^{-9}	3.16×10^{-30}	2.21×10^{-14}	1.98×10^{-13}	9.63×10^{-14}
Simplex	0.048	61.669	0.002	93.214	0.015	0.022	0.047	0.036
SCE-UA	5.67×10^{-8}	1.49×10^{-4}	1.47×10^{-9}	5.54×10^{-3}	6.20×10^{-9}	1.56×10^{-7}	6.59×10^{-7}	3.80×10^{-7}

2. 精度及率定效率比较

表3.14列出了三种方法100组优选结果的各参数*SARE*值，纵向比较可以看出，每个参数都是SRPCM方法的最小，SCE-UA方法次之，Simplex方法最大。并且从三种方法优选结果各指标的累积分布函数图3.10可以看出：①对于SRPCM方法100组优选结果中，75%的目标函数都小于8.8×10^{-7}；②对于Simplex方法，每种频率下对应的目标函数皆较大；③对于SCE-UA方法，75%的目标函数小于0.8。所以，在率定NAM模型参数过程中，同样是SRPCM方法精度最高，SCE-UA方法其次，Simplex方法最低。

表3.14　三种方法100组优选结果的各参数*SARE*值（NAM理想模型）

方法	*KC*	*UM*	*CQOF*	*CKIF*	$CK_{1,2}$	*TOF*	*TIF*	*TG*
SRPCM	6.47×10^{-6}	2.00×10^{-5}	2.18×10^{-6}	8.40×10^{-5}	0	1.76×10^{-5}	3.34×10^{-5}	7.90×10^{-5}
Simplex	14.668	28.655	5.290	36.840	5.341	36.217	29.960	152.463
SCE-UA	2.42×10^{-2}	4.93×10^{-2}	5.67×10^{-3}	2.42×10^{-1}	4.98×10^{-3}	8.65×10^{-2}	9.67×10^{-2}	2.45×10^{-1}

从图3.10可知，不论*INum*、*CT*还是*MR*都是SRPCM方法每种频率下对应的值最小，Simplex方法次之，SCE-UA方法最大。此外，从图3.11基于100组优选结果的三种方法的优选效率比较，可以更直观地得出

同样的结论。从该图同样可以看到：①三种方法的 *MR* 与 *CT* 基本呈线性关系；②SRPCM 方法的点基本在这条直线的底端，Simplex 方法基本在这条线的中部，SCE－UA 方法的点则在最上端。所以，在 NAM 模型参数率定中，三种方法的率定效率同样是 SRPCM 方法最高，Simplex 方法次之，SCE－UA 方法最低。

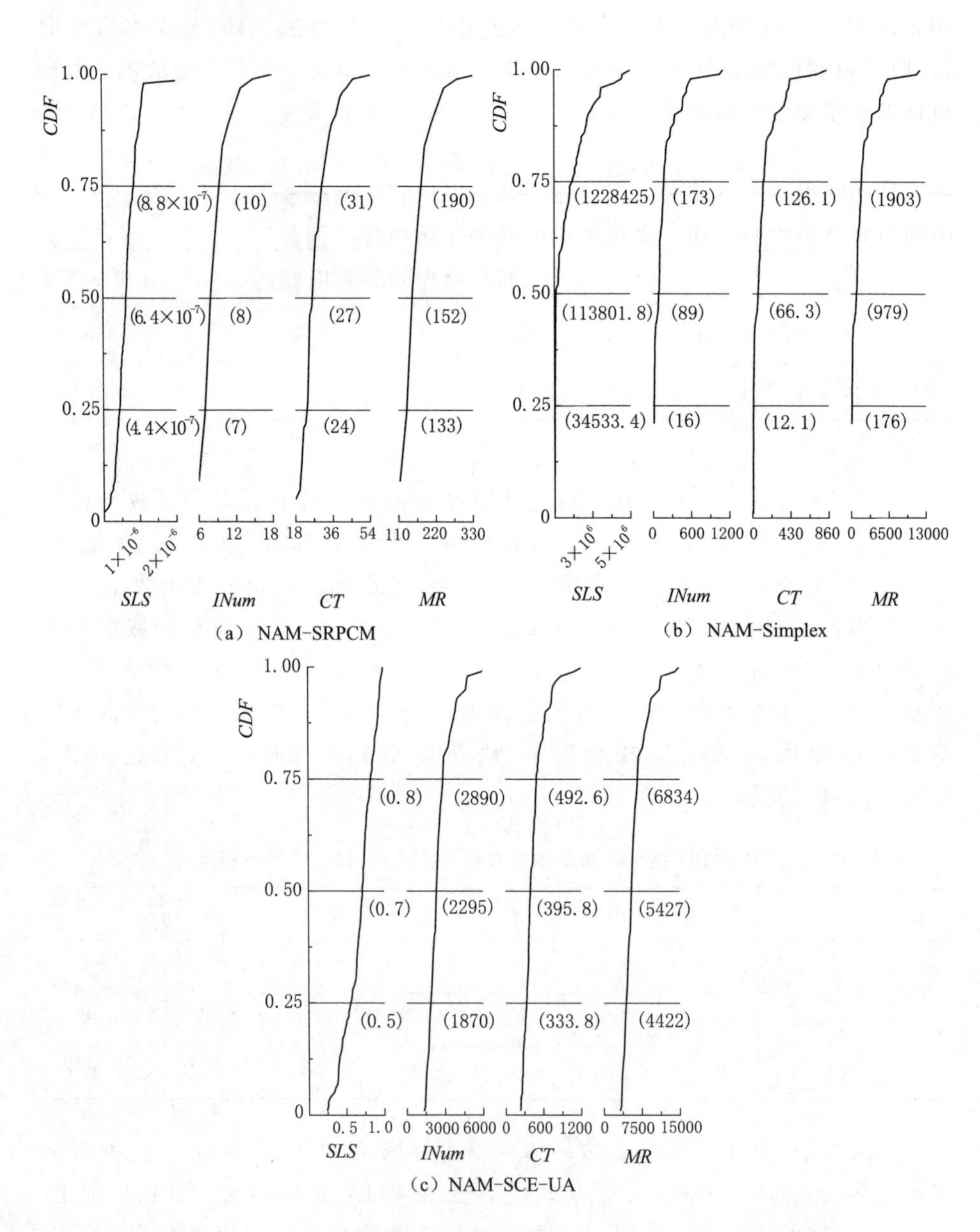

图 3.10 三种方法优选结果各指标累积分布函数图（NAM 理想模型）

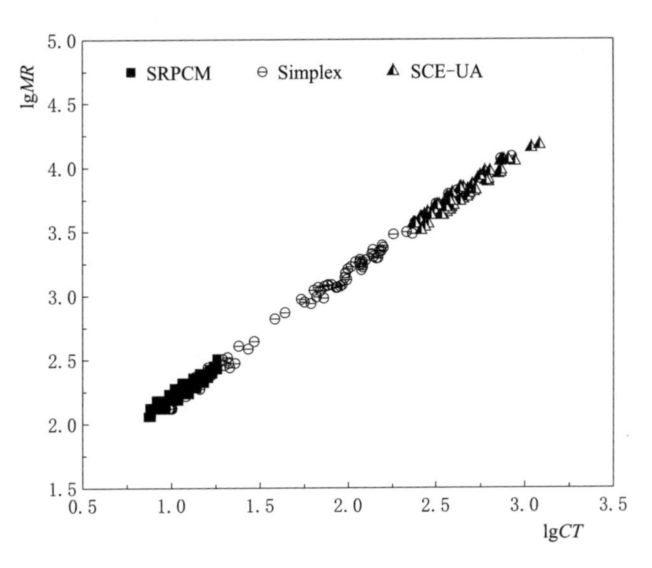

图 3.11 三种方法的优选效率对比（NAM 理想模型）

3.6 HBV 模型验证

3.6.1 HBV 模型介绍及参数敏感性分析

HBV 模型是瑞典水文气象局（SMHI）发明的半分布式的概念性模型，经过几十年的发展，在瑞典已成为洪水预报的标准工具，并在全世界 30 多个国家（包括我国）得到了普遍使用，并取得了良好的应用效果[129-139]。该模型主要是模拟积融雪、实际蒸散发、土壤储存的水分、地下水埋深和径流等过程的，由于我国一般不存在春汛（即融雪），所以不考虑融雪模块。HBV 模型严格地说采用的是近似蓄满产流的概念，产流量与土壤含水量呈指数关系，土壤含水量越高，越容易产生径流，可以广泛应用于我国南方湿润地区。HBV 模型结构主要包括蒸散发计算、产流计算、响应计算、路径计算和汇流计算五个层次。该模型中蒸散发计算原本采用的是根据日温度资料来计算，但大多数地区多年日温度资料难获得，因此也引入蒸散发折算系数 KC，进行蒸发计算；产流计算是假定产流量与土壤湿度之间是指数关系，从而计算出时段总产流量；响应计算类似于 TANK 模型，用两个上下串联的水箱，上层为非线性水箱，下层为线性水箱，通过水箱边上的小孔出流划分出不同的径流成分；路径计算即是通过三角权重函数将三种径流成分的总和进行平滑，主要是参数 $MAXBAS$ 发挥作用。模型结构如图 3.12 所示，模型参数介绍见表 3.15，理想模型真值见该表第 4 列。

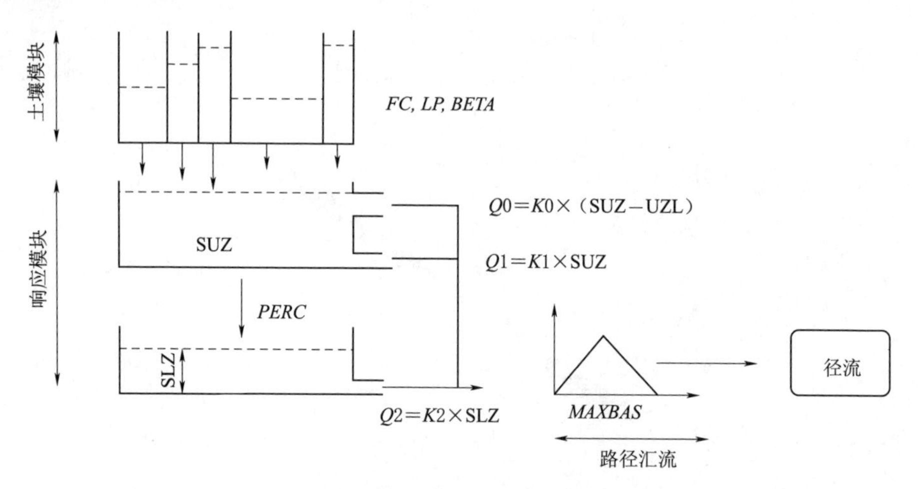

图 3.12 HBV 模型结构图

表 3.15 **HBV 模型参数表**

参数	单位	取值范围	真值	参数意义
KC	—	0.2～2	0.75	流域蒸发折算系数
FC	mm	50～500	200	土壤蓄水容量
LP	—	0.3～1	0.7	蒸发达到最大时的土壤含水量比例系数
BETA	—	0.5～6	2	径流与降雨响应曲线系数
*K*0	—	0～1	0.35	上层土壤的快速消退系数
*K*1	—	0～0.3	0.15	上层土壤的慢速消退系数
*K*2	—	0～0.12	0.07	下层土壤的消退系数
UZL	mm	5～100	20	直接径流阈值
PERC	—	0～0.2	0.002	渗透系数
MAXBAS	d	1～5	3	三角转换参数

表 3.16 是用 LH－OAT 方法得出的 HBV 模型参数敏感性排序表，图 3.13 则是以图形的形式更直观地展示了模型参数敏感性排序。10 个参数的敏感性排序为 *K*1、*K*0、*PERC*、*K*2、*KC*、*UZL*、*BETA*、*LP*、*FC*、*MAXBAS*。根据敏感性分析结果，后 3 个不敏感参数 *LP*、*FC*、*MAXBAS* 不参与参数优选，其他 7 个相对敏感参数参与优选。

表 3.16 **HBV 模型参数敏感性排序表**

排序	参数	敏感性指标
1	*K*1	197.54
2	*K*0	128.78

续表

排序	参数	敏感性指标
3	*PERC*	103.74
4	*K*2	100.68
5	*KC*	33.44
6	*UZL*	13.58
7	*BETA*	1.81
8	*LP*	0.29
9	*FC*	0.03
10	*MAXBAS*	0.02

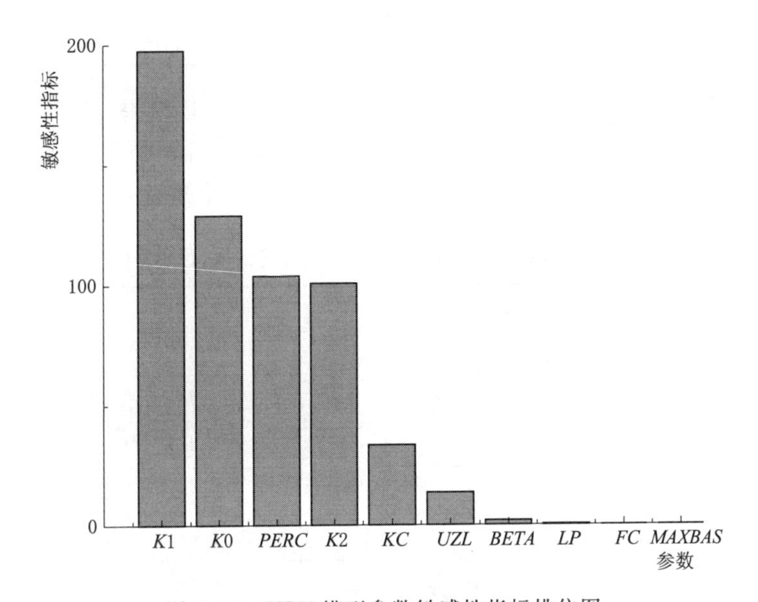

图 3.13 HBV 模型参数敏感性指标排位图

3.6.2 不同参数维数检验

HBV 模型其层次概念类似 XAJ 模型也很清晰，那么各层次内以及层次间的参数关联性必然存在。为了检验系统响应参数率定法在 HBV 模型参数优化中的有效性，同样也实施类似实验以检验 SRPCM 方法在 NAM 模型中的有效性。

(1) 实验一：将 7 个需要率定的参数两两组合，21 种组合情况见表 3.17，每种参数组合情况下同样设置 5 组不同的参数初值，然后用 SRPCM 方法分别对这 21 组参数组合进行参数率定。此实验的目的同样是考察检验 HBV 模型参数间的关联性是否对 SRPCM 方法有影响。

表 3.17　　相异二维空间参数组合（HBV 模型）

组别	组合参数	组别	组合参数	组别	组合参数
1	*KC　BETA*	8	*BETA　K*1	15	*K*0　*PERC*
2	*KC　K*0	9	*BETA　K*2	16	*K*1　*K*2
3	*KC　K*1	10	*BETA　UZL*	17	*K*1　*UZL*
4	*KC　K*2	11	*BETA　PERC*	18	*K*1　*PERC*
5	*KC　UZL*	12	*K*0　*K*1	19	*K*2　*UZL*
6	*KC　PERC*	13	*K*0　*K*2	20	*K*2　*PERC*
7	*BETA　K*0	14	*K*0　*UZL*	21	*UZL　PERC*

21 组二维参数空间组合下 5 组不同参数初值的优选结果见表 3.18，从该表可知，所有参数组合的 5 组率定结果都很稳定，并且都是收敛到参数真值，因此 SRPCM 方法也几乎不受 HBV 参数间的弱关联性影响。

表 3.18　　21 组二维参数空间下不同初值的参数优选结果（HBV 模型）

组别	初值	率定终值	组别	初值	率定终值
1	(0.91，1.03)	(0.75000，2.00000)	4	(0.61，0.41)	(0.75000，0.07000)
	(0.50，1.28)	(0.74999，2.00001)		(0.83，0.21)	(0.74999，0.07000)
	(1.01，1.21)	(0.74999，2.00000)		(0.28，0.46)	(0.75001，0.07000)
	(1.06，1.29)	(0.75000，2.00001)		(0.99，0.38)	(0.75000，0.07001)
	(1.07，0.56)	(0.75001，2.00000)		(0.83，0.63)	(0.75000，0.06999)
2	(0.73，0.77)	(0.74999，0.35000)	5	(0.76，0.69)	(0.75001，20.00001)
	(0.67，0.30)	(0.75000，0.35000)		(0.22，0.54)	(0.75001，20.00000)
	(0.46，0.28)	(0.75001，0.35001)		(0.88，0.50)	(0.75000，20.00000)
	(0.79，0.99)	(0.75001，0.34999)		(0.55，0.41)	(0.75000，19.99999)
	(0.90，0.98)	(0.74999，0.35000)		(0.44，0.98)	(0.74999，20.00000)
3	(0.31，1.00)	(0.75000，0.14999)	6	(0.57，0.49)	(0.74999，0.00200)
	(0.78，0.10)	(0.74999，0.15001)		(0.46，0.63)	(0.75000，0.00199)
	(0.48，0.05)	(0.75000，0.15000)		(1.14，0.65)	(0.75000，0.00200)
	(0.50，0.95)	(0.75001，0.15000)		(0.31，0.78)	(0.75000，0.00201)
	(0.48，0.16)	(0.74999，0.15000)		(0.80，0.83)	(0.74999，0.00199)

续表

组别	初值	率定终值	组别	初值	率定终值
7	(0.57，0.11)	(2.00000，0.34999)	13	(0.12，0.17)	(0.34999，0.07000)
	(0.50，0.54)	(2.00000，0.35000)		(0.53，0.56)	(0.34999，0.07000)
	(1.33，0.08)	(1.99999，0.35000)		(0.75，0.75)	(0.35000，0.07001)
	(0.95，0.36)	(1.99999，0.35000)		(0.75，0.09)	(0.35000，0.07000)
	(1.43，0.53)	(1.99999，0.35001)		(0.02，0.43)	(0.35000，0.07000)
8	(0.90，0.46)	(2.00000，0.14999)	14	(0.99，0.80)	(0.35000，20.00000)
	(0.83，0.10)	(2.00000，0.14999)		(0.73，0.28)	(0.35000，20.00000)
	(1.43，0.10)	(2.00000，0.15000)		(0.95，0.12)	(0.35000，20.00000)
	(1.37，0.75)	(2.00000，0.15000)		(0.10，0.19)	(0.34999，20.00000)
	(0.76，0.09)	(1.99999，0.15000)		(0.96，0.54)	(0.35000，20.00001)
9	(1.29，0.30)	(1.99999，0.07000)	15	(0.22，0.38)	(0.35000，0.00200)
	(0.76，0.34)	(1.99999，0.07000)		(0.50，0.14)	(0.35000，0.00201)
	(0.71，0.87)	(2.00000，0.07001)		(0.56，0.91)	(0.35000，0.00200)
	(1.43，0.33)	(2.00000，0.06999)		(0.69，0.06)	(0.35001，0.00200)
	(1.13，0.41)	(2.00001，0.06999)		(0.50，0.16)	(0.34999，0.00200)
10	(1.42，0.62)	(2.00000，19.99999)	16	(0.78，0.05)	(0.15000，0.07001)
	(0.98，0.22)	(2.00001，19.99999)		(0.80，0.33)	(0.15001，0.07001)
	(0.53，0.35)	(2.00000，20.00001)		(0.68，0.91)	(0.15001，0.07000)
	(1.04，0.41)	(2.00001，20.00001)		(0.12，0.95)	(0.15001，0.07000)
	(1.17，0.72)	(2.00001，20.00000)		(0.40，0.02)	(0.14999，0.06999)
11	(1.00，0.41)	(2.00000，0.00199)	17	(0.51，0.41)	(0.14999，20.00000)
	(0.92，0.54)	(2.00001，0.00200)		(0.64，0.85)	(0.15000，19.99999)
	(0.93，0.51)	(1.99999，0.00200)		(0.90，0.37)	(0.15000，20.00001)
	(0.99，0.68)	(2.00001，0.00200)		(0.22，0.45)	(0.14999，20.00001)
	(0.80，0.29)	(1.99999，0.00200)		(0.61，0.37)	(0.15000，20.00001)
12	(0.22，0.59)	(0.35000，0.15001)	18	(0.59，0.93)	(0.15000，0.00200)
	(0.48，0.19)	(0.35000，0.15000)		(0.87，0.26)	(0.15000，0.00199)
	(0.61，0.78)	(0.34999，0.15001)		(0.35，0.00)	(0.15000，0.00201)
	(0.20，0.96)	(0.34999，0.14999)		(0.28，0.70)	(0.15000，0.00201)
	(0.79，0.38)	(0.35000，0.14999)		(0.74，0.44)	(0.14999，0.00200)

续表

组别	初值	率定终值
19	(0.34，0.71)	(0.07000，20.00001)
	(0.15，0.59)	(0.07001，19.99999)
	(0.94，0.11)	(0.07001，20.00000)
	(0.60，0.90)	(0.07000，19.99999)
	(0.86，0.08)	(0.07000，20.00001)
20	(0.25，0.38)	(0.07000，0.00200)
	(0.27，0.58)	(0.06999，0.00199)
	(0.90，0.11)	(0.07000，0.00201)
20	(0.23，0.95)	(0.07001，0.00200)
	(0.49，0.77)	(0.07001，0.00200)
21	(0.20，0.33)	(20.00000，0.00199)
	(0.62，0.10)	(19.99999，0.00200)
	(0.50，0.18)	(20.00001，0.00200)
	(0.00，0.43)	(20.00000，0.00201)
	(0.89，0.82)	(19.99999，0.00199)

(2) 实验二：2、4、6、7不同参数维数空间下对比研究，本实验中参数的选择同样也是按照优选参数在模型中的顺序（*KC*、*BETA*、*K*0、*K*1、*K*2、*UZL*、*PERC*）选择的。2维参数选择的前两个参数，即*KC*、*BETA*；4维参数选择的前4个参数，即*KC*、*BETA*、*K*0、*K*1；其他情况以此类推。然后用SRPCM方法在每种参数维数空间下进行100次不同参数初值的HBV模型参数优选。此实验的目的同样是分析不同HBV模型参数维数对SRPCM方法的影响。

表3.19展示了HBV模型在不同参数维数空间下100组参数优选结果的性能指标，可以看出：①不同维数下参数优选结果的成功率N_s也都是100%，说明不同维数下SRPCM方法都可以找到参数真值；②目标函数*SLS*都很小，说明SRPCM方法精度很高；③循环次数*INum*最大值为7次，最小值为5次；率定时间*CT*皆在24s内；模型运算次数最大值为125次，最小值为64次，这三个指标说明SRPCM方法效率较高；④不同维数之间进行比较可知，随着参数维数增加，*SLS*、*INum*、*CT*、*MR*皆有所增加，主要是参数越多，率定时间会越长，属于合理情况。因此，SRPCM方法受维数影响较小。

表3.19　不同参数维数空间下100组参数优选结果的性能指标（HBV模型）

性能指标	2维	4维	6维	7维
N_s	100%	100%	100%	100%
SLS（均值）	1.68×10^{-7}	1.80×10^{-7}	1.94×10^{-7}	3.3×10^{-7}
INum（均值）/次	5	5	7	7
CT（均值）/s	13	16	23	24
MR（均值）/次	64	77	117	125

3.6.3 不同方法对比研究

同样在 HBV 模型中，SRPCM、Simplex 以及 SCE - UA 每种优化算法都进行 100 次不同初值的参数寻优，然后对三种方法从稳定性、精度以及率定效率三个方面进行比较研究。

1. 稳定性比较

图 3.14 直观地展示了每种方法的 100 组参数优选终值分布，图中横坐标是 HBV 模型各参数符号，纵坐标是标准化的参数值。同样每一张小图上共有 102 条线，100 条灰色实线代表 100 组参数优选值，1 条黑色实线代表各参数真值，1 条黑色虚线代表 100 组参数优选结果的平均值。从该图可以看出：①SRPCM方法的优选结果很稳定，102 条曲线重合在一起，表现为一条线；②Simplex 方法的优选结果较分散，受参数初值影响较大；③SCE - UA 方法的优选结果同样也较稳定。

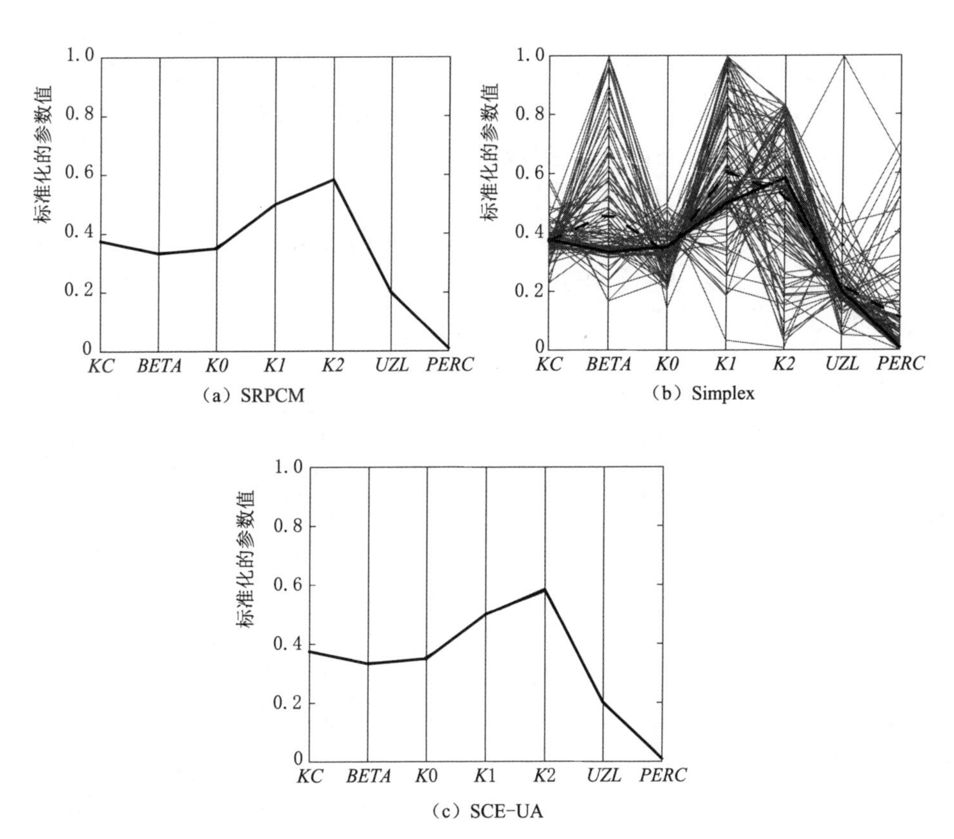

图 3.14 三种方法 100 组优选参数终值分布（HBV 理想模型）

表 3.20 则是以参数方差 *Pvar* 定量地比较了三种方法的稳定性。纵向比较每一个参数值的方差，都是 SRPCM 方法的最小，SCE - UA 方法次之，Simplex 方法的最大。所以在 HBV 模型参数率定过程中，依然是 SRPCM 方法稳定性最好，SCE - UA 方法次之，Simplex 方法最差。

表 3.20　三种方法 100 组优选结果的各参数 *Pvar* 值（HBV 理想模型）

方法	*KC*	*BETA*	*K*0	*K*1	*K*2	*UZL*	*PERC*
SRPCM	1.14×10^{-14}	3.00×10^{-13}	7.96×10^{-16}	1.20×10^{-15}	7.66×10^{-15}	3.17×10^{-11}	2.77×10^{-16}
Simplex	0.011	1.489	0.004	0.004	0.001	117.985	0.001
SCE - UA	2.43×10^{-8}	1.31×10^{-6}	7.23×10^{-9}	6.94×10^{-9}	8.48×10^{-8}	6.18×10^{-5}	1.18×10^{-9}

2. 精度及率定效率比较

关于精度比较，表 3.21 列出了三种方法 100 组优选结果的各参数 *SARE* 值（表示的是率定值与真值之间的差距），纵向比较可知，每个参数也都是 SRPCM 方法的最小，SCE - UA 方法其次，Simplex 方法最大。此外，从三种方法优选结果各指标的累积分布函数图 3.15 可知：①SRPCM 方法所获得的 100 组优选结果中，75%的目标函数都小于 4.5×10^{-7}；②对于 Simplex 方法，每种频率下对应的目标函数皆较大，分别为 25%—5797.8、50%—112068.2、75%—656055.6；③对于 SCE - UA 方法，75%的目标函数小于 0.8。由此可得出与前同样的结论：SRPCM 方法精度最高，SCE - UA 方法次之，Simplex 方法最低。

表 3.21　三种方法 100 组优选结果的各参数 *SARE* 值（HBV 理想模型）

方法	*KC*	*BETA*	*K*0	*K*1	*K*2	*UZL*	*PERC*
SRPCM	1.20×10^{-5}	1.60×10^{-5}	2.29×10^{-6}	8.00×10^{-6}	7.04×10^{-5}	1.65×10^{-5}	6.26×10^{-4}
Simplex	8.974	44.295	14.132	35.522	32.048	26.120	1040.531
SCE - UA	1.68×10^{-2}	4.61×10^{-2}	1.98×10^{-2}	4.46×10^{-2}	3.65×10^{-1}	3.20×10^{-2}	1.41

关于效率比较，从图 3.15 可知：无论 *INum*、*CT* 还是 *MR*，SRPCM 方法每种频率下对应的值最小，Simplex 方法次之，SCE - UA 方法最大。三种指标数值越小精度越高，显然 SRPCM 方法效率最高。另外，从图 3.16 以 *CT* 和 *MR* 为横纵坐标绘制的关系图上可以更直观地看出：①三种方法的 *MR* 与 *CT* 的关系仍然是基本在同一条线上，两者基本呈线性关系；②SRPCM 方法的点基本在线的底端，Simplex 方法基本在线的中部，SCE - UA 方法的点则

在最上端。所以，依然是 SRPCM 方法的率定效率最高，Simplex 方法次之，SCE - UA 方法最低。

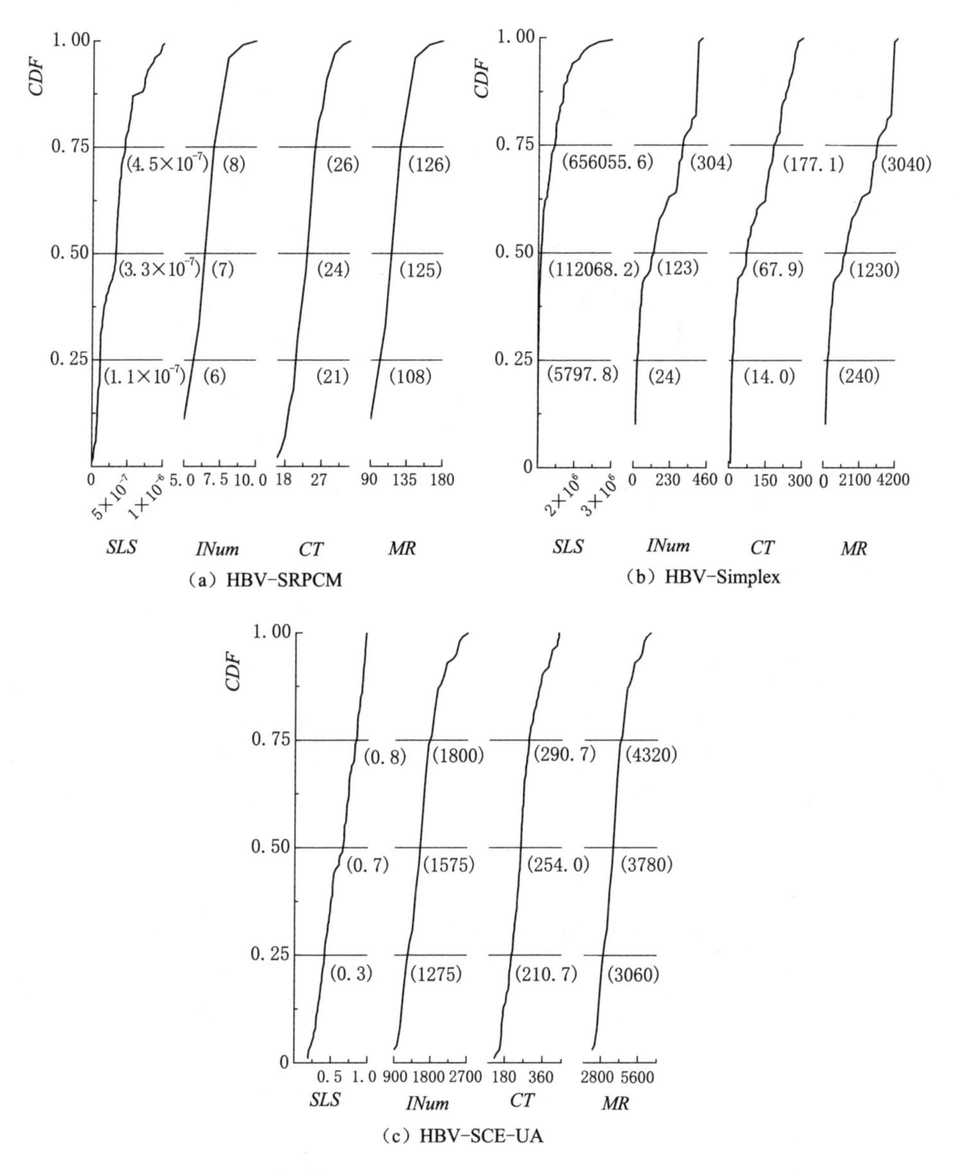

图 3.15 三种方法优选结果的各指标累积分布函数图（HBV 理想模型）

总体来说，无论稳定性、精度还是率定效率，都是 SRPCM 方法表现最好；SCE - UA 方法除了率定效率不及 Simplex 方法，其他性能要优于 Simplex 方法。

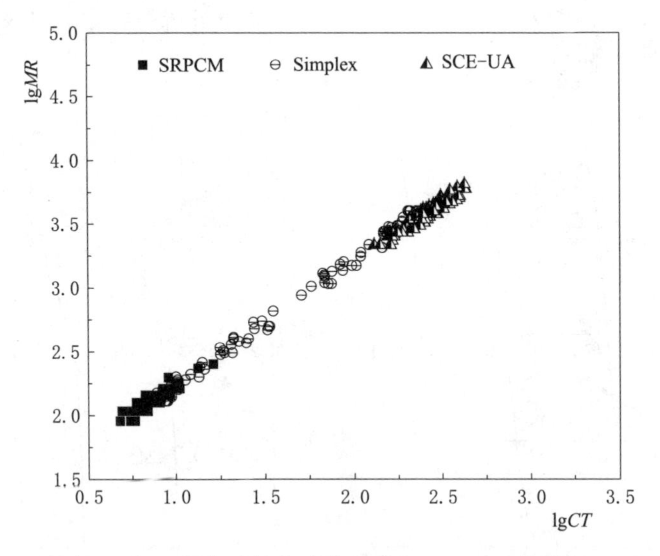

图 3.16　三种方法的优选效率对比（HBV 理想模型）

3.7　本章小结

本章主要目的是对提出的系统响应参数率定方法进行多角度验证，并与其他优化算法进行对比研究，分析系统响应参数率定方法各方面的性能。要验证参数率定方法是否可行有效，最主要在于这个方法是否能快速稳定地找到参数真值。但在实际中，模型参数真值往往是不知道的，因此，本书引入和构建了理想模型。在理想模型中，参数真值已知，从而可以判断优化方法是否能找到参数真值；此外，理想模型中各项皆已知，这样可以排除各种不确定性因素的影响，从而专注于优化方法本身是否存在问题。本章主要研究内容和结论如下。

三个水文模型（XAJ 模型、NAM 模型、HBV 模型）的理想模型验证以及与 Simplex 方法和 SCE - UA 方法的对比研究。在每一个模型验证中，首先对模型的参数用 LH - OAT 方法进行了敏感性分析，敏感参数参与优选，不敏感参数根据经验和流域特性而定；然后进行不同参数维数对优化方法的影响分析；最后进行三种优化算法性能的详细对比研究分析，对比的性能有稳定性、精度和率定效率。由结果分析可知：①SRPCM 方法受参数之间的关联性影响小，不同参数组合皆可以找到参数真值，不同参数维数增加会增加模型计算次数和率定时间，但总体时间较少；②与 Simplex 方法和 SCE - UA 方法相比，无论稳定性、精度还是率定效率，SRPCM 方法表现最好，除了率定效率 SCE - UA 方法不及 Simplex 方法，其他性能要优于 Simplex 方法。

第4章

实际流域应用检验

4.1 引言

第3章所做的研究都是基于理想模型，虽取得了较好的应用效果，但优化方法的最终目的是服务于实际，因此本章基于实测资料，对系统响应参数优化方法进行多个水文模型、多个实际流域的应用检验，所选择的模型为XAJ模型、NAM模型和HBV模型，所选择的流域为三个不同规模的流域——七里街流域、邵武流域和东张水库流域。用系统响应参数优化方法对三个模型三个流域分别进行参数率定，并将率定的参数代入模型进行模拟计算，评价模型的模拟效果。

4.2 流域概况

七里街流域较大，流域面积为14787 km^2，该流域位于亚热带季风气候区，天气温和，降水充沛，多年平均降水量为1400～2400mm，4—6月降水量占全年降水量的60%左右，多年平均蒸发量为700～1000mm。该流域共有43个雨量站，1个蒸发站，预报站为七里街。流域水系图见图4.1。七里街流域共有1988—2000年共13年的逐日水文资料，包括逐日降雨、逐日蒸发和逐日流量资料，并具有丰水年、平水年、枯水年的代表性。选取前10年资料用于模型参数率定，后3年资料用于模型参数检验，以检验参数率定结果是否合理，以及模拟计算的流量过程与实测流量过程的吻合程度。

邵武流域属于中等大小流域，流域面积为2745km^2，共有1988—2000年的逐日资料，其具体流域概况在3.2节已介绍，这里不再重复叙述。这里是选择1988—1997年前10年资料用于模型参数率定，后3年资料用于模型检验。

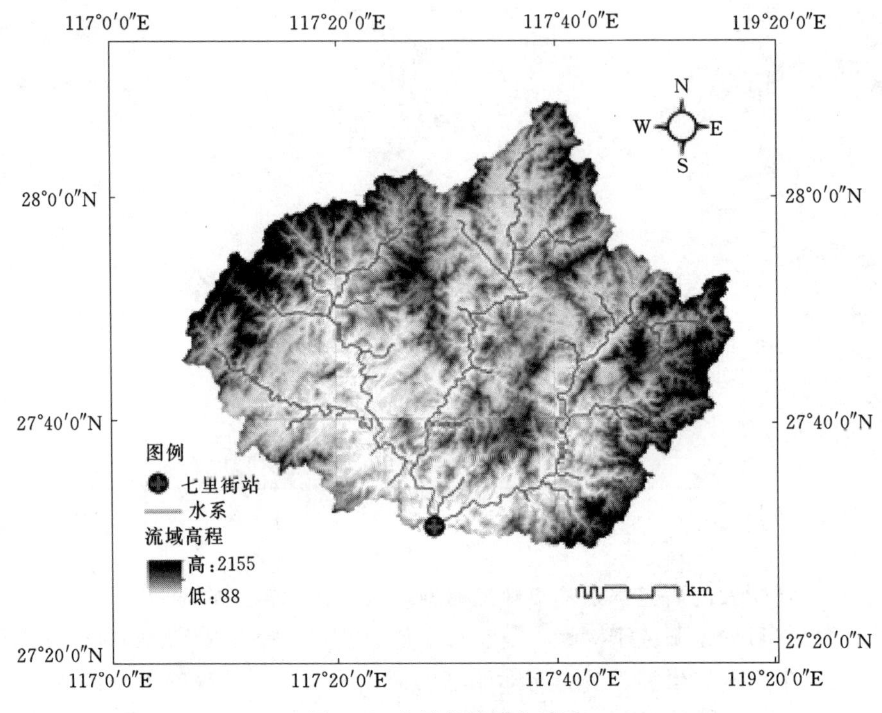

图 4.1　七里街流域水系图

东张水库流域较小，流域面积为 200 km²，该流域位于亚热带气候带，夏季较长，清凉湿润，冬季较短，温暖湿润，四季常春，植被茂盛，森林覆盖率高达 47%。年平均气温为 19.6℃，雨量充沛，年降水量为 800～2500mm。东张水库属于大二型水库，总库容为 1.99 亿 m³，正常蓄水位为 54m，洪水位为 54.94m。该流域共有 6 个雨量站，分别为渡口、岭下、灵石、前洋、泗水和东张；1 个蒸发站—永泰站；1 个水文站—东张站。东张水库流域的水系概况见图 4.2。该流域共有 1986—1999 年（缺 1991 年）共 13 年的逐日水文资料，包括逐日降雨、逐日蒸发和逐日流量资料。选取前 10 年资料用于模型参数率定，后 3 年资料用于模型参数检验，以检验参数率定结果用于模拟计算的流量过程与实测流量过程的吻合程度。

表 4.1 展示了三个流域的各项特征。之所以选择这三个流域进行研究，是因为各流域面积大小有明显不同，七里街、邵武、东张水库分别属于大、中、小流域的代表；虽然三个流域的径流系数相差不大，但日最大流量与日平均流量相差悬殊，因此也是大、中、小流量的代表。选择这三个代表性流域进行应用检验，以分析系统响应参数率定方法在不同规模流域中的应用效果及适用范围。

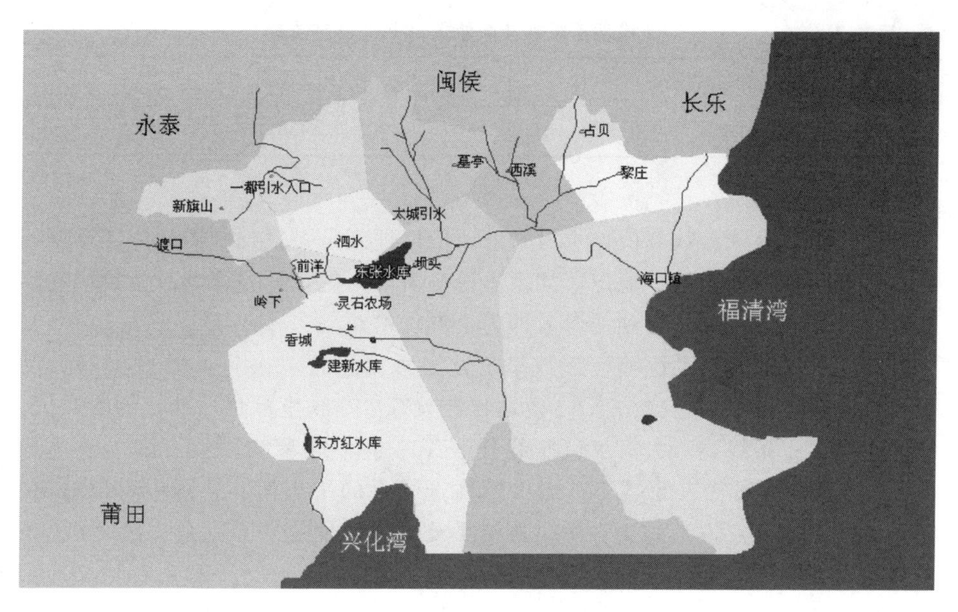

图 4.2 东张水库水系图

表 4.1 三个流域特征对比

流域特征	七里街	邵武	东张水库
流域面积/km^2	14787	2745	200
多年平均降雨量/mm	1852	2047	1803
多年年平均径流深/mm	1135	1388	1064
多年平均径流系数	0.61	0.57	0.59
日最大流量/(m^3/s)	16800	6130	417
日平均流量/(m^3/s)	535	122	7

4.3 新安江模型参数率定

4.3.1 XAJ 模型在七里街流域的参数率定

4.3.1.1 率定结果

为了充分验证方法的有效性，随机生成 100 组不同的初值，进行 100 次参数寻优。所优选的参数仍然是第 3 章验证的敏感参数，其他不敏感参数根据其物理意义结合七里街流域实际情况而定，取值见表 4.2。

表 4.2　　XAJ 模型不敏感参数取值（七里街流域）

参数	*WUM*	*WLM*	*WDM*	*EX*	*C*
取值	20	80	50	1.5	0.16

1. 稳定性

因为实际流域参数真值是不可知的，所以评判是否找到全局优值，重点就是看是否在不同的初值下稳定，如果不论初值如何选择，寻找到的参数位置都一样，那么可以认为其找到的参数即为全局优值。

图 4.3 展示的是系统响应参数率定方法所找到的 100 组 XAJ 模型参数优值位置分布，图中横坐标是 XAJ 模型各参数符号，纵坐标是标准化的参数值。该图共有 101 条线，100 条灰色实线代表 100 组不同参数初值下的参数优选值，1 条黑色虚线代表的是 100 组参数优选结果的平均值。从图中可以看出：系统响应参数率定方法的 100 组优选结果及平均值位置几乎完全一致，101 条曲线重合在一起，所以在图上表现为一条线。

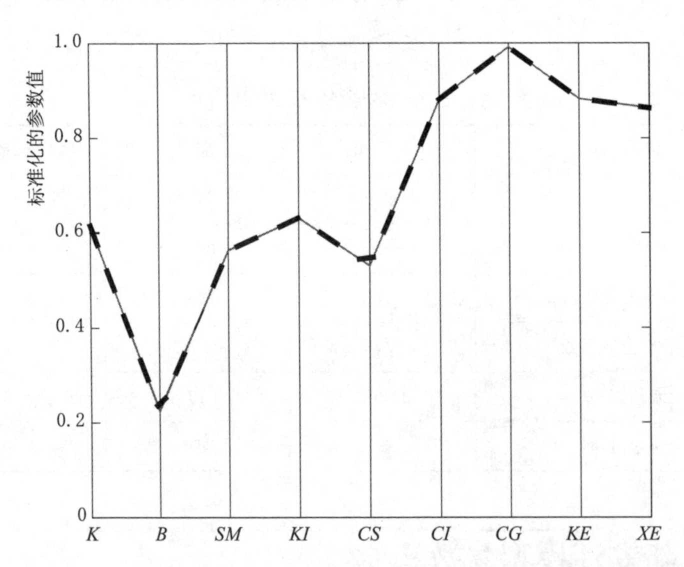

图 4.3　100 组 XAJ 模型优选参数终值位置分布（七里街流域）

此外，从表 4.3 展示的 100 组优选参数终值的均值、最小值、最大值以及方差来看，最小、最大值都很接近均值，方差也很小，这表明系统响应参数率定方法寻优性能表现很稳定。

2. 合理性

从表 4.3 来审视每个参数是否合理，即是否在其物理意义范围之内，可以看出，参数 K、KE、XE 与平常认定的范围不太一样，一般认为 K 值不应该

表 4.3　　100 组 XAJ 模型优选参数稳定性指标统计（七里街流域）

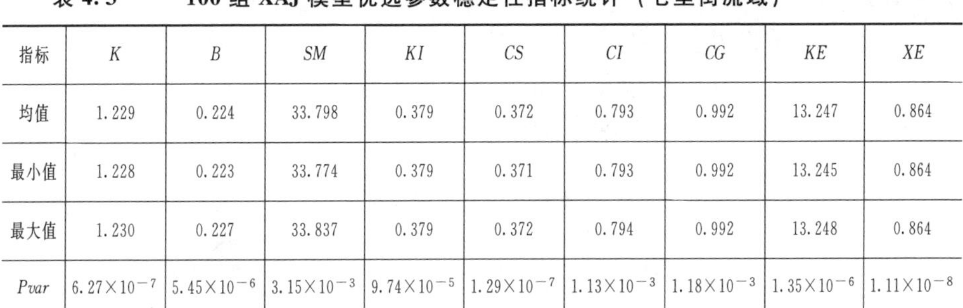

指标	*K*	*B*	*SM*	*KI*	*CS*	*CI*	*CG*	*KE*	*XE*
均值	1.229	0.224	33.798	0.379	0.372	0.793	0.992	13.247	0.864
最小值	1.228	0.223	33.774	0.379	0.371	0.793	0.992	13.245	0.864
最大值	1.230	0.227	33.837	0.379	0.372	0.794	0.992	13.248	0.864
Pvar	6.27×10^{-7}	5.45×10^{-6}	3.15×10^{-3}	9.74×10^{-5}	1.29×10^{-7}	1.13×10^{-3}	1.18×10^{-3}	1.35×10^{-6}	1.11×10^{-8}

大于 1 或者约等于 1，因为实测的蒸发是水面（器皿）蒸发，流域蒸发能力理论上不应该大于器皿蒸发，但这是当实测的器皿蒸发具有全流域代表性的时候。如果器皿摆放位置处于较高海拔，那么所处位置所测的水面蒸发可能低于流域平均水平，那么流域蒸发能力很可能大于器皿蒸发，所以 *K* 值大于 1 也是合理的。*KE*、*XE* 是马斯京根的两个参数，一般模型计算前选取适当的河段长，使得 *KE* 约等于时段长 Δt（本研究是基于日模资料，$\Delta t=24$h），在本研究中，日模的河段数取为 1，即河段长已设置最长，率定的 *KE* 值仍然小于 24，说明汇流时间相对较快，因此 *KE* 值也合理。此外，*XE* 一般取小于 0.5 的值，但这个限定主要是针对洪水资料，本研究是基于日尺度资料，在日模型中，马斯京根的河道调蓄作用相比次洪模型表现要弱。从马斯京根基于的槽蓄方程 $W=KE[XE\times I+(1-XE)\times Q]$ 来看，*KE* 可以取任意值，*XE* 小于 1 即可，此处 *XE* 较大，说明河道槽蓄量受出流影响小，主要受来水影响。因此所优选的参数都符合其物理意义。

3. 率定效率

表 4.4 展示了 100 组 XAJ 模型参数优选效率指标统计。平均循环次数为 32 次，最小值为 11 次，最大值为 50 次；平均率定时间为 353s，最短为 159s，最长也只需要 658s；模型平均运算次数为 638 次，最少为 220 次，最多为 1000 次，因此说明系统响应参数优选方法寻优速率较快，节省机时，效率较高。

表 4.4　　100 组 XAJ 模型参数优选效率指标统计（七里街流域）

指标	循环次数/次	率定时间/s	模型运算次数/次
均值	32	353	638
最小值	11	159	220
最大值	50	658	1000

4.3.1.2 模拟效果

以上率定结果说明系统响应参数优选方法可以较快地寻找到参数优值，那么精度如何就要看其模拟效果。为了评判模拟精度，选用了径流深相对误差（dr）与确定性系数（DC）两个指标：

$$dr = \frac{\sum_{t=1}^{N} Q_c(t) - \sum_{t=1}^{N} Q_{ob}(t)}{\sum_{t=1}^{N} Q_{ob}(t)} \times 100 \tag{4.1}$$

$$DC = 1 - \frac{\sum_{t=1}^{N} [Q_{ob}(t) - Q_c(t)]^2}{\sum_{t=1}^{N} [Q_{ob}(t) - \overline{Q}_{ob}(t)]^2} \tag{4.2}$$

式中：$Q_{ob}(t)$ 和 $Q_c(t)$ 分别为 t 时刻的实测流量值和计算流量值；$\overline{Q}_{ob}(t)$ 为平均实测流量值；N 为资料系列长度。

把率定参数的均值带入到 XAJ 模型进行模拟计算，计算结果见表 4.5。该表展示了日模率定期和检验期的结果及精度。从该表可以看出：①率定期径流深相对误差均在 5.8%以内，其平均值为－0.58%，而且相对误差有正有负，没有出现系统偏差。确定性系数都在 0.944 以上，平均确定性系数为 0.949。表明实测流量与计算流量拟合较好；②检验期的径流深相对误差均值为－0.7%，确定性系数都在 0.957 以上，模拟结果也较好，因此说明系统响应参数优选方法在七里街流域优选出的 XAJ 模型参数值精度较好。

表 4.5 XAJ 模型的日模率定期和检验期模拟结果统计（七里街流域）

时期	年份	降雨量/mm	实测径流深/mm	计算径流深/mm	相对误差 dr/%	有效系数 DC
率定期	1988	1920	1281	1276	0.40	0.957
	1989	1813	1099	1106	－0.60	0.950
	1990	1479	791	745	5.80	0.945
	1991	1289	588	612	－3.90	0.944
	1992	2102	1320	1360	－3.00	0.948
	1993	1721	1032	1071	－3.90	0.948
	1994	1827	1047	1016	3.00	0.949
	1995	2068	1482	1446	2.50	0.950
	1996	1357	694	722	－4.10	0.949
	1997	2166	1155	1178	－2.00	0.949
	平均值	1774	1049	1053	－0.58	0.949

续表

时期	年份	降雨量/mm	实测径流深/mm	计算径流深/mm	相对误差 dr/%	有效系数 DC
检验期	1998	2451	1951	1849	5.20	0.958
	1999	1920	1262	1224	3.10	0.957
	2000	1959	1051	1160	−10.40	0.957
	平均值	2110	1421	1411	−0.70	0.957

为了更直观地分析评价优选参数，将其带入到模型进行计算，得出的流量过程与实测过程的拟合情况见图 4.4。该图展示了全部 13 年的计算流量与实测流量的拟合过程。可以看到计算过程基本是沿着实测过程曲线，有些年份甚至几乎完全重合，说明优选出的参数值精度较高。

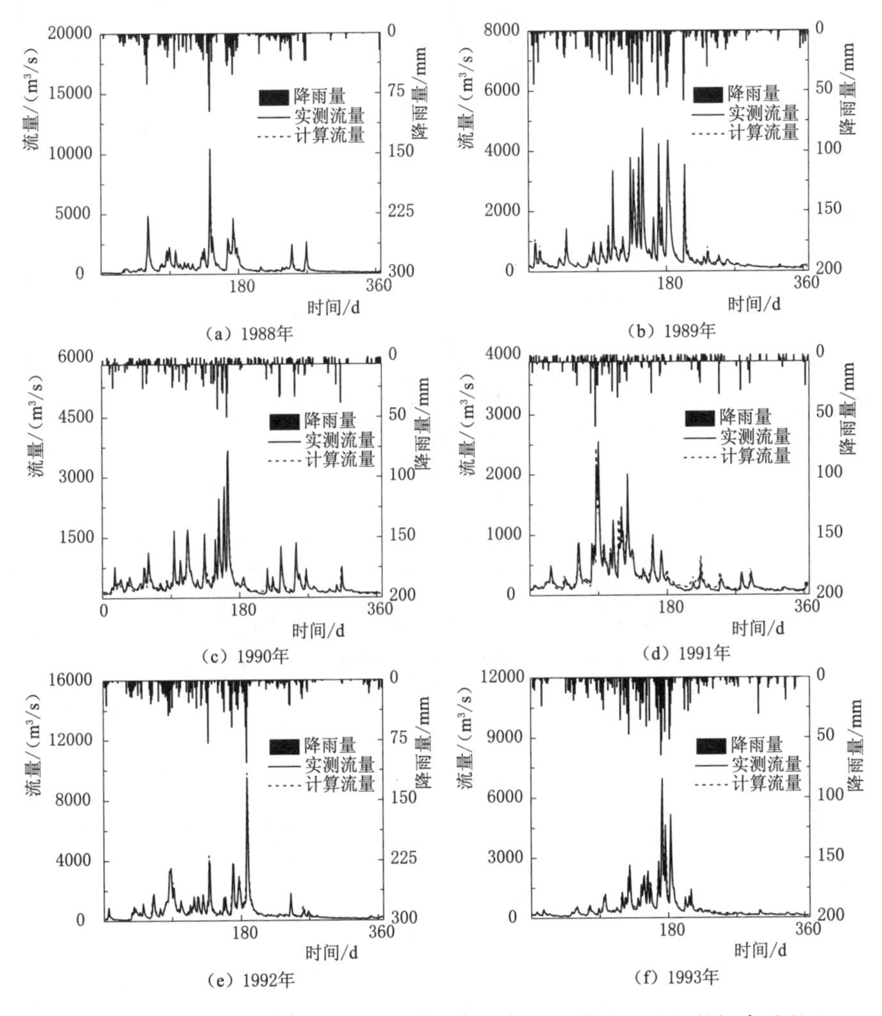

图 4.4（一） 七里街流域实测流量与 XAJ 模型计算流量之间的拟合过程

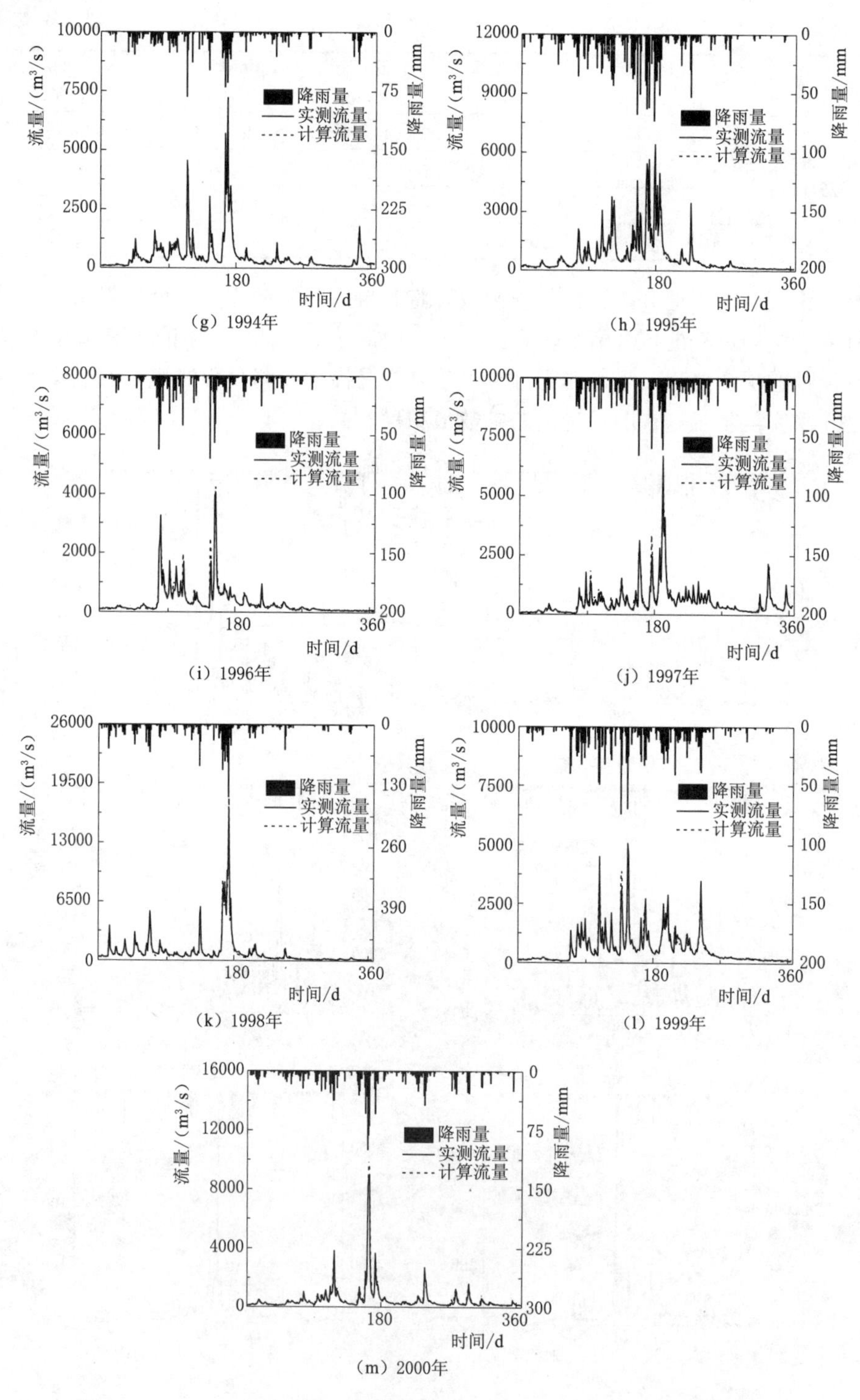

图 4.4（二） 七里街流域实测流量与 XAJ 模型计算流量之间的拟合过程

4.3.2 XAJ 模型在邵武流域的参数率定

4.3.2.1 率定结果

在邵武流域同样是进行 100 组不同初值的参数寻优。所优选的参数仍然是第 3 章验证的敏感参数，其他不敏感参数根据其物理意义结合邵武流域实际情况而定，见表 4.6。

表 4.6　XAJ 模型不敏感参数取值（邵武流域）

参数	*WUM*	*WLM*	*WDM*	*EX*	*C*
取值	10	140	50	3.7	0.16

1. 稳定性

图 4.5 展示的是系统响应参数率定方法在邵武流域所寻找到的 100 组 XAJ 模型参数优值位置分布，图中各符号含义同前所述。从该图可以看出：100 组优选结果及平均值位置重合在一起，在图上看似一条线。

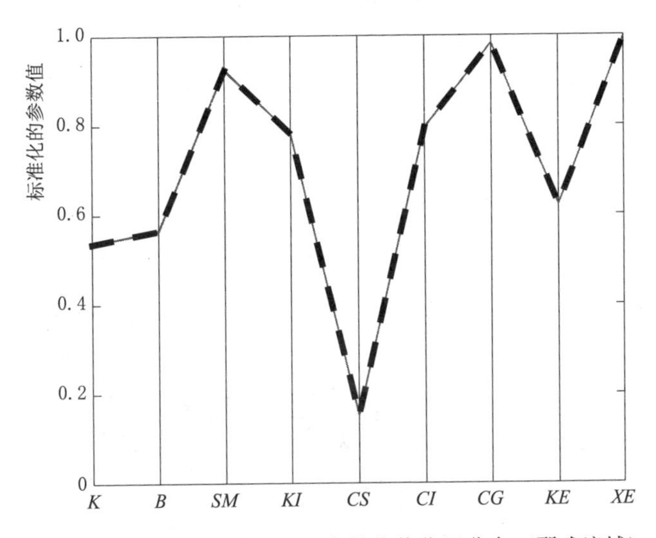

图 4.5　100 组 XAJ 模型优选参数终值位置分布（邵武流域）

此外，从表 4.7 展示的 100 组优选参数终值的均值、最小值、最大值以及方差来看，每个参数对应的均值、最小值、最大值几乎无区别，方差也很小，这表明系统响应参数率定方法稳定，不受初值影响。

2. 合理性

从表 4.7 来审视每个参数率定结果是否合理，即是否在其物理意义范围之内，可以看出，参数 *KE*、*XE* 取值情况类似前面所述，但在日模中也属于合

表 4.7 100 组 XAJ 模型优选参数稳定性指标统计（邵武流域）

指标	K	B	SM	KI	CS	CI	CG	KE	XE
均值	1.072	0.565	55.442	0.469	0.106	0.715	0.983	9.325	0.997
最小值	1.071	0.563	55.347	0.469	0.106	0.715	0.983	9.323	0.997
最大值	1.073	0.566	55.519	0.470	0.107	0.716	0.983	9.327	0.997
$Pvar$	6.87×10^{-8}	1.92×10^{-7}	9.01×10^{-4}	1.24×10^{-8}	2.04×10^{-8}	2.67×10^{-8}	2.59×10^{-10}	4.72×10^{-7}	0

理情况，其他参数也都在其物理意义合理范围内，因此所有优选参数均在合理意义范围内。

3. 率定效率

表 4.8 展示了 100 组 XAJ 模型参数在邵武流域的优选效率指标统计。平均循环次数为 15 次，最小值为 8 次，最大值为 24 次；平均率定时间为 94s，最短为 62s，最长只需要 151s；模型平均运算次数为 293 次，最少为 160 次，最多为 480 次，显然系统响应参数优选方法寻优速率较快，效率较高。

表 4.8 100 组 XAJ 模型参数优选效率指标统计（邵武流域）

指标	循环次数/次	率定时间/s	模型运算次数/次
均值	15	94	293
最小值	8	62	160
最大值	24	151	480

4.3.2.2 模拟效果

同样，评判优选参数的好坏，要看其代入到模型的模拟效果。XAJ 模型的日模率定期与检验期的模拟结果见表 4.9。从该表可以看出：①率定期径流深相对误差均在 8.3%以内，其平均值为 1.87%，且相对误差有正有负，没有出现系统偏差，确定性系数都在 0.929 以上，平均确定性系数为 0.945，表明实测流量与计算流量拟合较好；②检验期的径流深相对误差均值为−7.34%，确定性系数都在 0.945 以上，平均确定性系数为 0.946，表明检验期模拟结果也较好，因此说明系统响应参数优选方法在邵武流域优选出的 XAJ 模型参数值精度也较好。

图 4.6 直观地展示了 13 年的模型计算得出的流量过程与实测过程的拟合情况。可以看到每个年份计算过程与实测过程都拟合较好，说明优选出的参数值合理有效，精度较高。

表 4.9 XAJ 模型的日模率定期和检验期模拟结果统计（邵武流域）

时期	年份	降雨量 /mm	实测径流深 /mm	计算径流深 /mm	相对误差 dr /%	有效系数 DC
率定期	1988	1905	1406	1372	2.40	0.963
	1989	1886	1248	1250	−0.20	0.965
	1990	1756	1012	1037	−2.40	0.958
	1991	1374	789	790	0.12	0.956
	1992	2204	1595	1589	0.40	0.946
	1993	1983	1463	1411	3.60	0.936
	1994	2101	1397	1342	3.90	0.931
	1995	2099	1769	1622	8.30	0.929
	1996	1567	949	958	−0.90	0.931
	1997	2527	1686	1625	3.60	0.932
	平均值	1940	1331	1300	1.87	0.945
检验期	1998	2859	2277	2272	0.22	0.947
	1999	2237	1363	1478	−8.43	0.945
	2000	2107	1092	1243	−13.82	0.945
	平均值	2401	1577	1664	−7.34	0.946

4.3.3 XAJ 模型在东张水库流域的参数率定

4.3.3.1 率定结果

同样，在东张水库流域也随机生成100组不同的初值，进行100次参数寻优，以便充分验证方法的可行性和有效性。所优选的XAJ模型参数仍然是第3章分析得出的敏感参数，其他5个不敏感参数根据其物理意义结合东张水库流域实际情况而定，见表4.10。

表 4.10 XAJ 模型不敏感参数取值（东张水库流域）

参数	WUM	WLM	WDM	EX	C
取值	50	20	140	2	0.3

1. 稳定性

图4.7展示的是系统响应参数率定方法在东张水库流域所寻找到的100组XAJ模型参数优值位置分布，图中各符号含义同前所述。从该图可以看出：100组优选结果及平均值位置一样，在图上看似一条线。

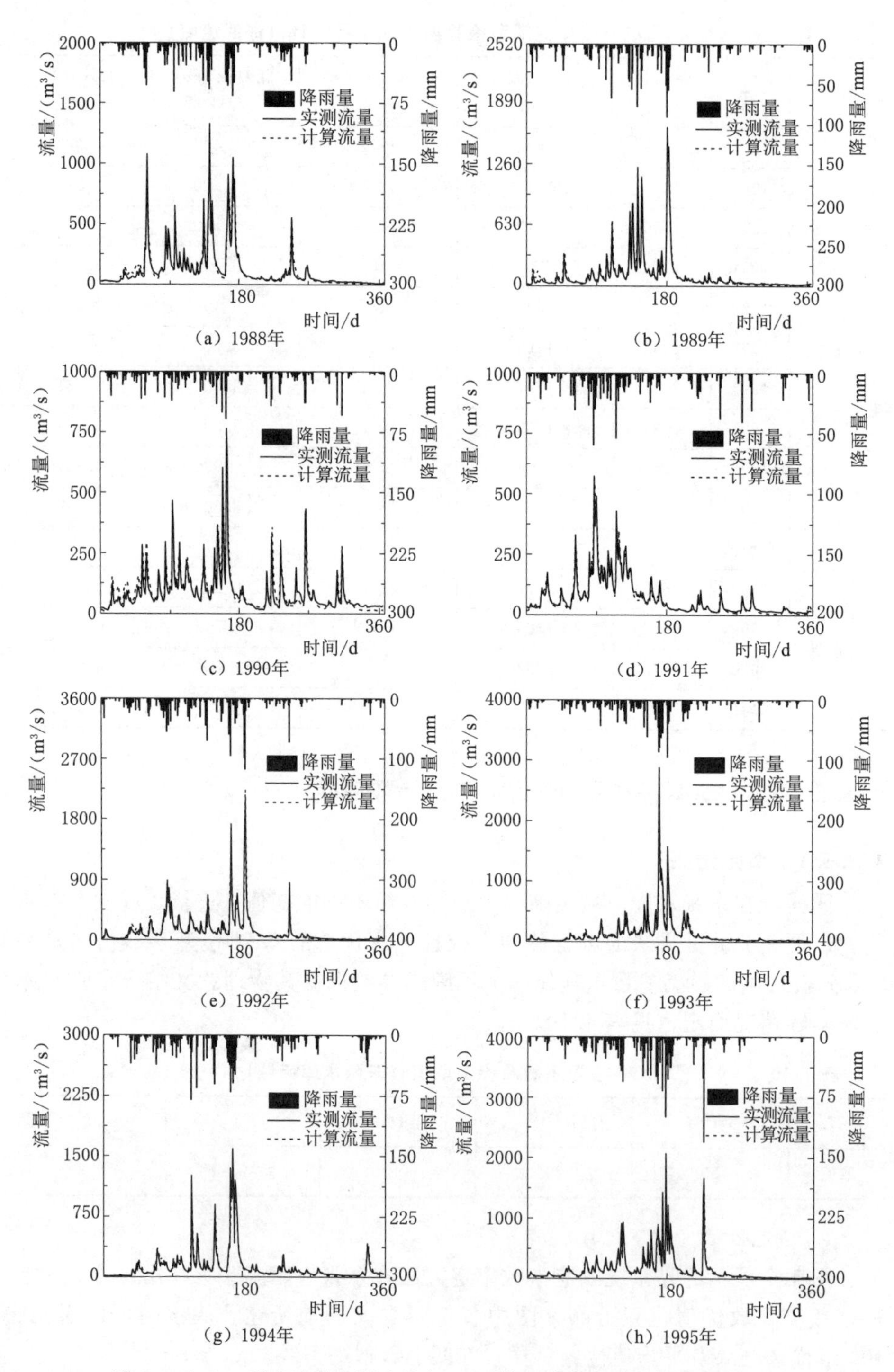

图 4.6(一) 邵武流域实测流量与 XAJ 模型计算流量之间的拟合过程

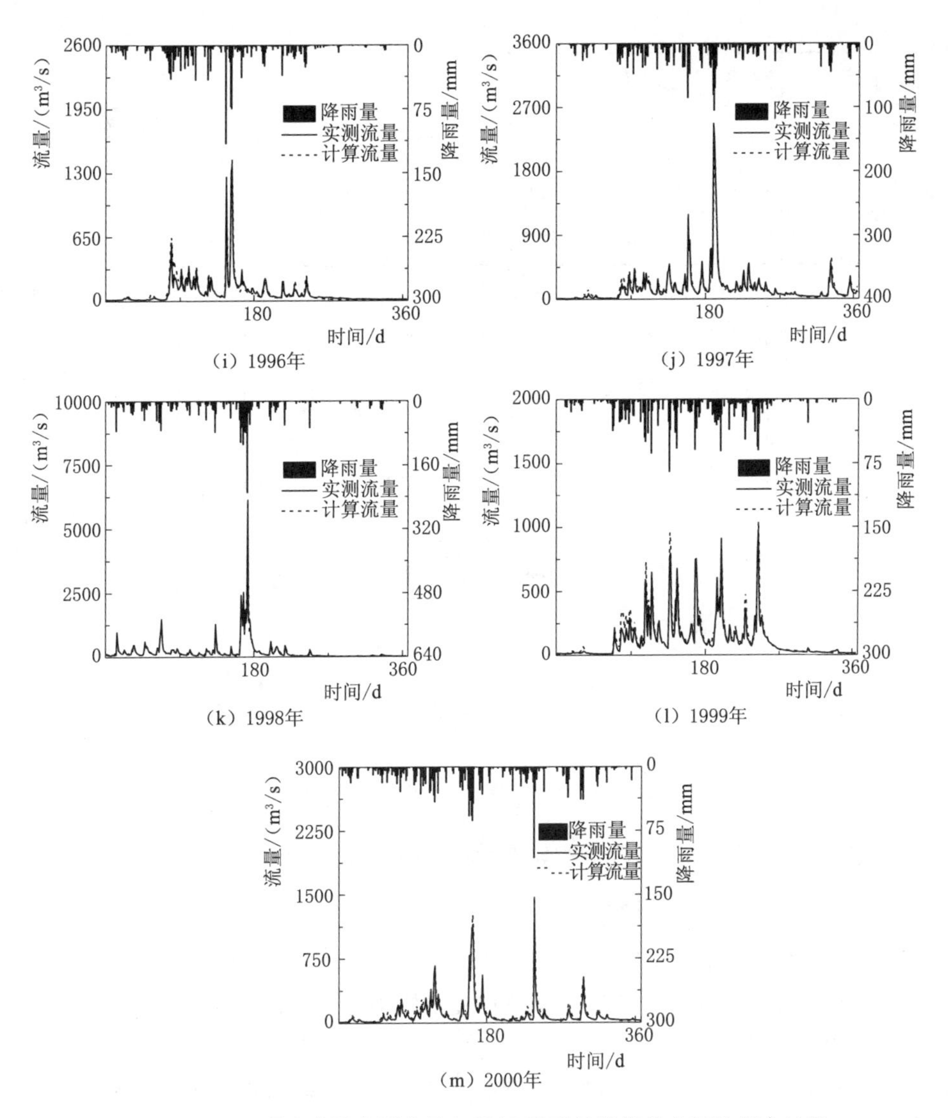

图 4.6(二) 邵武流域实测流量与XAJ模型计算流量之间的拟合过程

此外，从表 4.11 展示的 100 组优选参数终值的均值、最小值、最大值以及方差来看，每个参数对应的均值、最小值、最大值几乎无区别，方差也很小，这表明系统响应参数率定方法稳定性能较好。

表 4.11 100 组 XAJ 模型优选参数稳定性指标统计（东张水库流域）

指标	*K*	*B*	*SM*	*KI*	*CS*	*CI*	*CG*	*KE*	*XE*
均值	0.830	0.289	21.460	0.245	0.115	0.635	0.994	0.786	0.224

续表

指标	*K*	*B*	*SM*	*KI*	*CS*	*CI*	*CG*	*KE*	*XE*
最小值	0.829	0.288	21.444	0.244	0.115	0.634	0.994	0.783	0.219
最大值	0.830	0.289	21.477	0.245	0.115	0.636	0.994	0.789	0.229
Pvar	1.98×10^{-8}	5.60×10^{-8}	3.24×10^{-5}	6.65×10^{-9}	3.20×10^{-9}	1.14×10^{-7}	1.26×10^{-11}	8.09×10^{-7}	4.09×10^{-6}

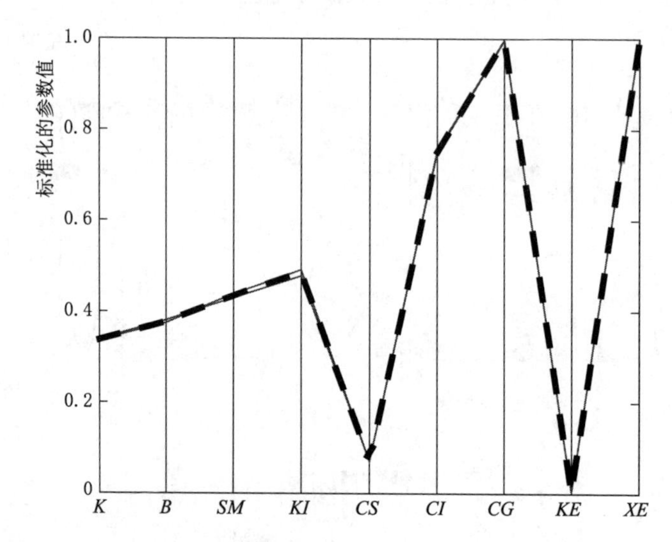

图 4.7 100 组 XAJ 模型优选参数终值位置分布（东张水库流域）

2. 合理性

从率定结果（表 4.11）和每个参数的范围（表 3.1）来审视每个 XAJ 模型参数的合理性，可以看到每个参数均在其物理意义合理范围之内。

3. 率定效率

表 4.12 展示了 100 组 XAJ 模型参数在东张水库流域的优选效率指标统计。平均循环次数为 17 次，最小值为 9 次，最大值为 38 次；平均率定时间为 81s，最短为 46s，最长只需要 149s；模型平均运算次数为 335 次，最少为 180 次，最多为 760 次，显然系统响应参数优选方法寻优速率较快，效率较高。

表 4.12 100 组 XAJ 模型参数优选效率指标统计（东张水库流域）

指标	循环次数/次	率定时间/s	模型运算次数/次
均值	17	81	335
最小值	9	46	180
最大值	38	149	760

4.3.3.2 模拟效果

同样，评判优选参数的好坏，要看其代入到模型的模拟效果。把率定的参数均值代入到模型计算，率定期与检验期的模拟计算结果见表 4.13。从该表可以看出：①率定期径流深相对误差均在 8.00%以内，其平均值为－1.44%。平均确定性系数为 0.865，表明实测流量与计算流量拟合较好；②检验期的径流深相对误差均值为 2.93%，确定性系数都在 0.834 以上，平均确定性系数为 0.851，表明检验期模拟结果也较好。

表 4.13　XAJ 模型的日模率定期和检验期模拟结果统计（东张水库流域）

时期	年份	降雨量 /mm	实测径流深 /mm	计算径流深 /mm	相对误差 dr /%	有效系数 DC
率定期	1986	1462	693	682	1.50	0.799
	1987	1511	710	705	0.80	0.764
	1988	1718	1026	972	5.30	0.859
	1989	1592	856	907	－6.00	0.870
	1990	2785	2031	2040	－0.40	0.911
	1992	2002	1354	1343	0.80	0.899
	1993	1378	703	759	－8.00	0.897
	1994	1825	1004	1064	－6.10	0.890
	1995	1433	793	836	－5.40	0.892
	1996	1710	892	864	3.10	0.868
	平均值	1742	1006	1017	－1.44	0.865
检验期	1997	2077	1393	1156	17.00	0.863
	1998	1949	1125	1130	－0.40	0.856
	1999	1998	1256	1354	－7.80	0.834
	平均值	2008	1258	1213	2.93	0.851

图 4.8 直观地展示了 13 年的 XAJ 模型计算得出的流量过程与实测过程的拟合情况。可以看到每个年份计算过程与实测过程也都拟合较好，说明在东张水库流域优选出的 XAJ 模型参数值合理有效。

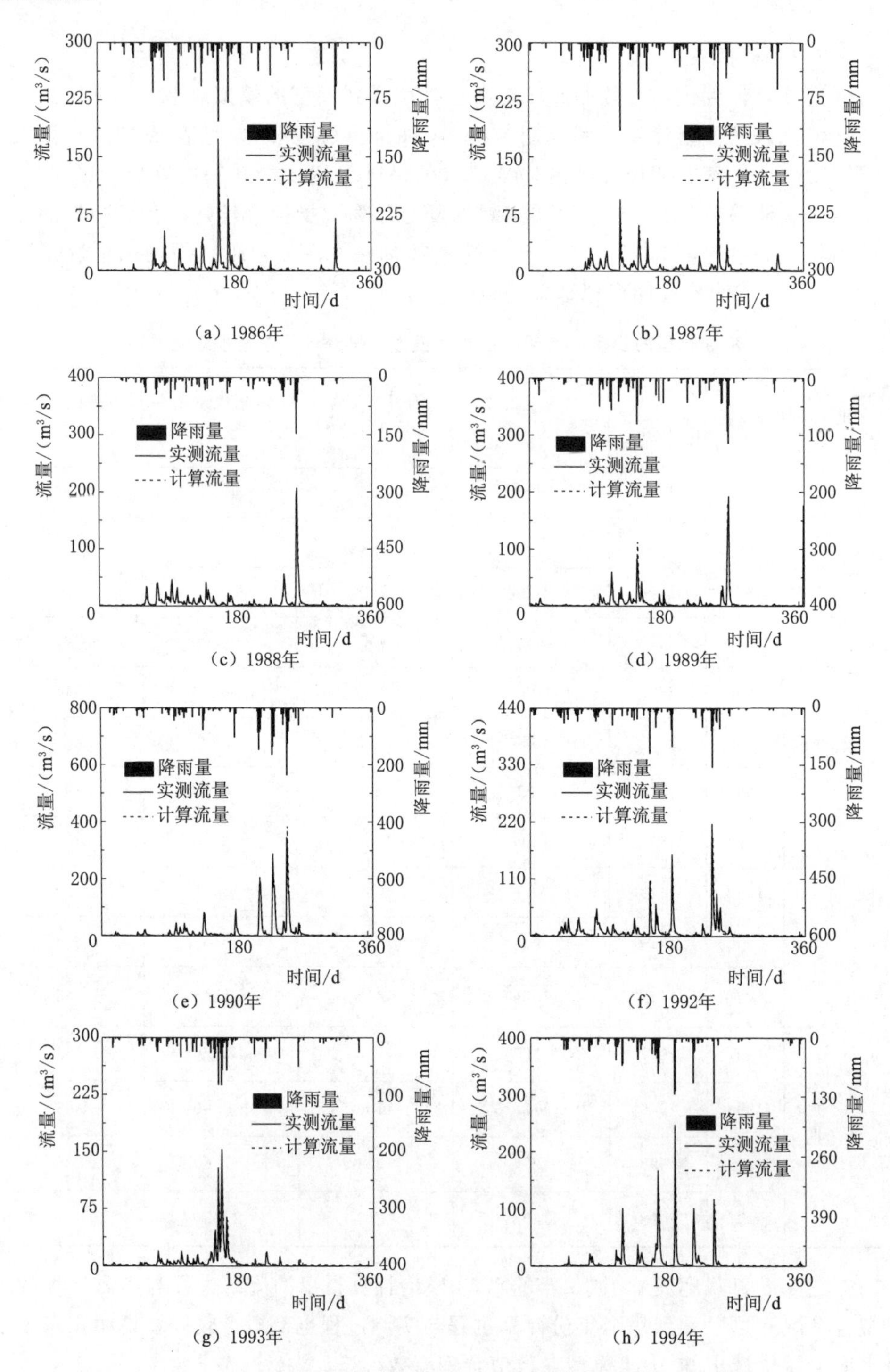

图 4.8(一) 东张水库流域实测流量与XAJ模型计算流量之间的拟合过程

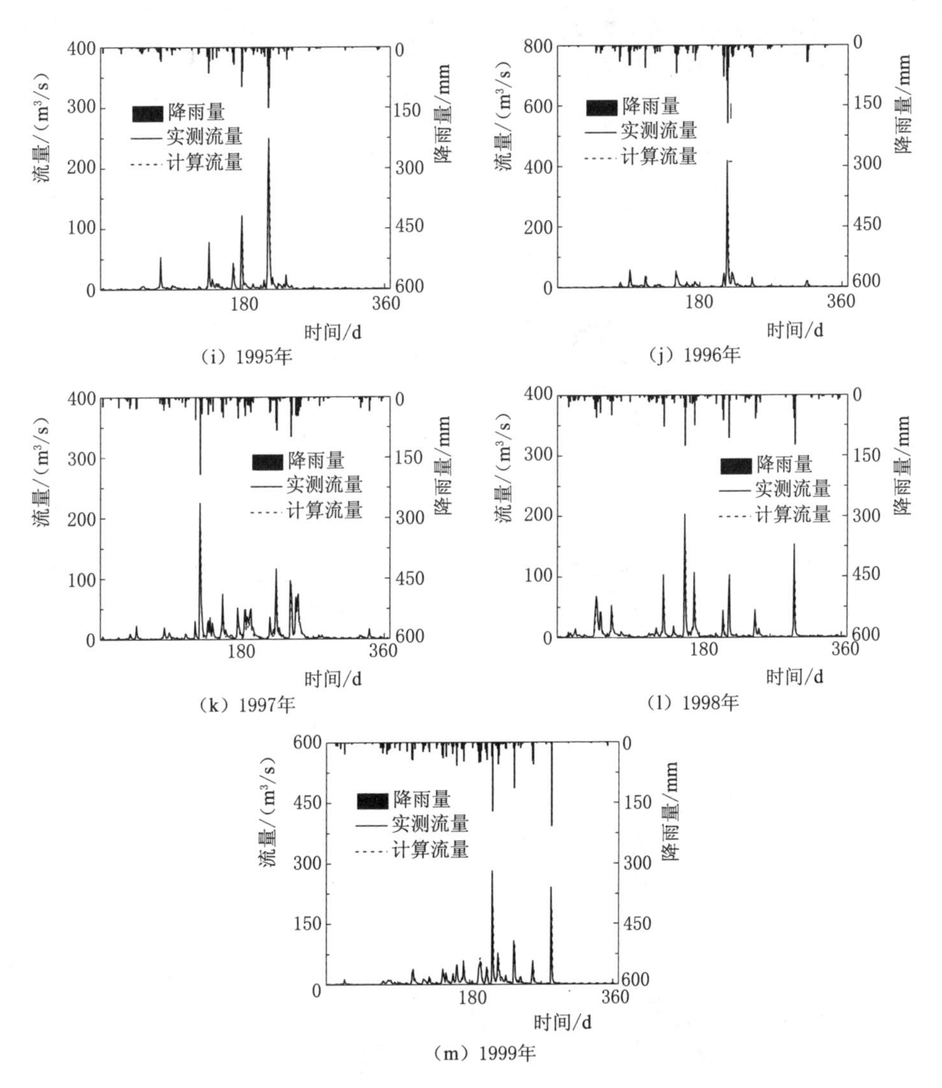

图 4.8（二） 东张水库流域实测流量与 XAJ 模型计算流量之间的拟合过程

4.4 NAM 模型参数率定

4.4.1 NAM 模型在七里街流域的参数率定

4.4.1.1 率定结果

同样，在 NAM 模型也随机生成 100 组不同的初值，进行 100 次参数寻优，以便充分验证方法的可行性和有效性。所优选的 NAM 模型参数仍然是第

3章分析得出的敏感参数，其他两个不敏感参数根据其物理意义结合七里街流域实际情况而定，见表4.14。

表4.14 NAM模型不敏感参数取值（七里街流域）

参数	*CKBF*	*LM*
取值	75	23

1. 稳定性

图4.9展示的是系统响应参数率定方法所寻找到的100组NAM模型参数优值位置分布，图中横坐标是NAM模型各参数符号，纵坐标是标准化的参数值。该图中也是共有101条线，100条灰色实线代表100组不同参数初值下的NAM模型参数优选值，1条黑色虚线代表的是100组参数优选结果的平均值。从图4.9可以看出：系统响应参数率定方法的100组优选结果较稳定，但参数*KC*、*UM*、*TOF*、*TIF*较其他参数稳定性略差，但参数幅度较小。从表4.15展示的100组优选参数终值的均值、最小值、最大值以及方差来看，这4个参数对应的均值、最小、最大值虽然不再那么一致，但也较接近，方差也较小，仍然是寻找到了同一优值区域，这表明系统响应参数率定方法在七里街流域优选出的NAM模型参数虽然稳定性不如前面表现那么好，但依然较稳定。

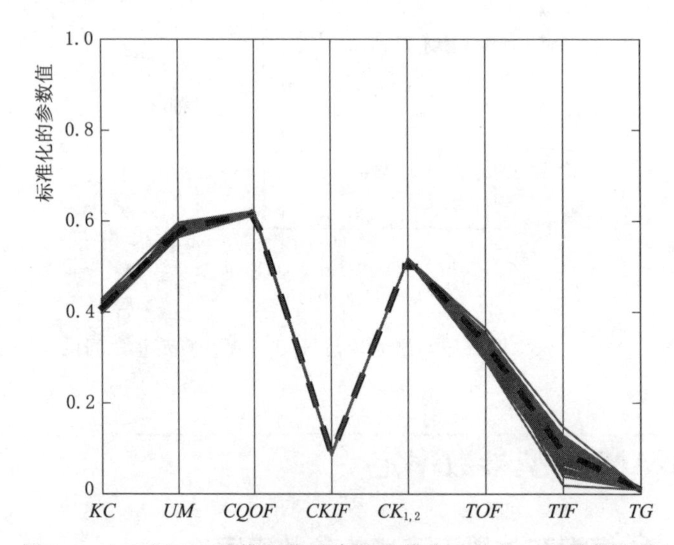

图4.9 100组NAM模型优选参数终值位置分布（七里街流域）

2. 合理性

从率定结果（表4.15）和每个参数的范围（表3.8）来审视每个NAM模型参数的合理性，可以看到每个参数均在其物理意义合理范围之内。

表4.15　100组NAM模型优选参数稳定性指标统计（七里街流域）

指标	KC	UM	CQOF	CKIF	$CK_{1,2}$	TOF	TIF	TG
均值	0.820	34.831	0.619	4.321	1.550	0.332	0.093	0.010
最小值	0.795	33.870	0.613	4.181	1.546	0.293	0.019	0.010
最大值	0.859	35.811	0.623	4.493	1.557	0.364	0.147	0.010
Pvar	1.94×10^{-4}	1.11×10^{-1}	2.79×10^{-6}	4.40×10^{-3}	2.99×10^{-6}	1.71×10^{-4}	5.21×10^{-4}	2.21×10^{-13}

3. 率定效率

表4.16展示了100组NAM模型参数在七里街流域的优选效率指标统计。平均循环次数为23次，最小值为7次，最大值为57次；平均率定时间为220s，最短为62s，最长需要550s；模型平均运算次数为434次，最少为133次，最多为1083次，系统响应参数优选方法在七里街流域优选NAM模型参数速率也较快。

表4.16　100组NAM模型参数优选效率指标统计（七里街流域）

指标	循环次数/次	率定时间/s	模型运算次数/次
均值	23	220	434
最小值	7	62	133
最大值	57	550	1083

4.4.1.2 模拟效果

把100组参数率定的均值带入到NAM模型进行计算，分析其与实测流量之间的偏差，从而判断优选参数的好坏。10年率定期与3年检验期的模拟结果见表4.17。从表中可以看出：①率定期径流深相对误差均在11.1%以内，其平均值为1.41%，且相对误差有正有负，没有出现系统偏差，确定性系数都在0.790以上，平均确定性系数为0.807，实测流量与计算流量拟合虽较XAJ模型拟合的七里街流域略差（因为模型结构不同），但也较好；②检验期的径流深相对误差均值为−2.77%，平均确定性系数为0.837，表明检验期模拟结果也较好，因此说明系统响应参数优选方法在七里街流域优选出的NAM模型参数值精度也较好。

图4.10直观地展示了13年的NAM模型计算得出的流量过程与实测过程的拟合情况。可以看到每个年份计算过程与实测过程也都拟合较好，说明在七里街流域优选出的NAM模型参数值合理有效。

表 4.17 NAM 模型的日模率定期和检验期模拟结果统计（七里街流域）

时期	年份	降雨量/mm	实测径流深/mm	计算径流深/mm	相对误差 dr/%	有效系数 DC
率定期	1988	1920	1281	1226	4.30	0.804
	1989	1813	1099	1095	0.30	0.794
	1990	1479	791	703	11.10	0.790
	1991	1289	588	539	8.30	0.795
	1992	2102	1320	1375	−4.10	0.819
	1993	1721	1032	1062	−3.00	0.817
	1994	1827	1047	1016	3.00	0.814
	1995	2068	1482	1469	0.90	0.811
	1996	1357	694	700	−0.90	0.813
	1997	2166	1155	1222	−5.80	0.814
	平均值	1774	1049	1041	1.41	0.807
检验期	1998	2451	1951	1903	2.50	0.838
	1999	1920	1262	1241	1.70	0.836
	2000	1959	1051	1182	−12.50	0.838
	平均值	2110	1421	1442	−2.77	0.837

4.4.2 NAM 模型在邵武流域的参数率定

4.4.2.1 率定结果

在邵武流域同样进行 100 组不同初值的参数寻优。所优选的参数仍然是前面验证的敏感参数，其他两个不敏感参数根据其物理意义结合邵武流域实际情况而定，见表 4.18。

表 4.18 NAM 模型不敏感参数取值（邵武流域）

参数	$CKBF$	LM
取值	107	13

1. 稳定性

图 4.11 展示的是在邵武流域 100 组 NAM 模型参数优值位置分布，图中各符号与曲线含义如前所述。从该图可以看出：系统响应参数率定方法的 100 组优选结果、平均值位置几乎完全一致，101 条曲线重合在一起。

此外，从表 4.19 展示的 100 组优选参数终值的均值、最小值、最大值以及方差来看，均值、最小、最大值都很接近，方差也很小，这表明系统响应参数率定方法稳定，不受初值影响。

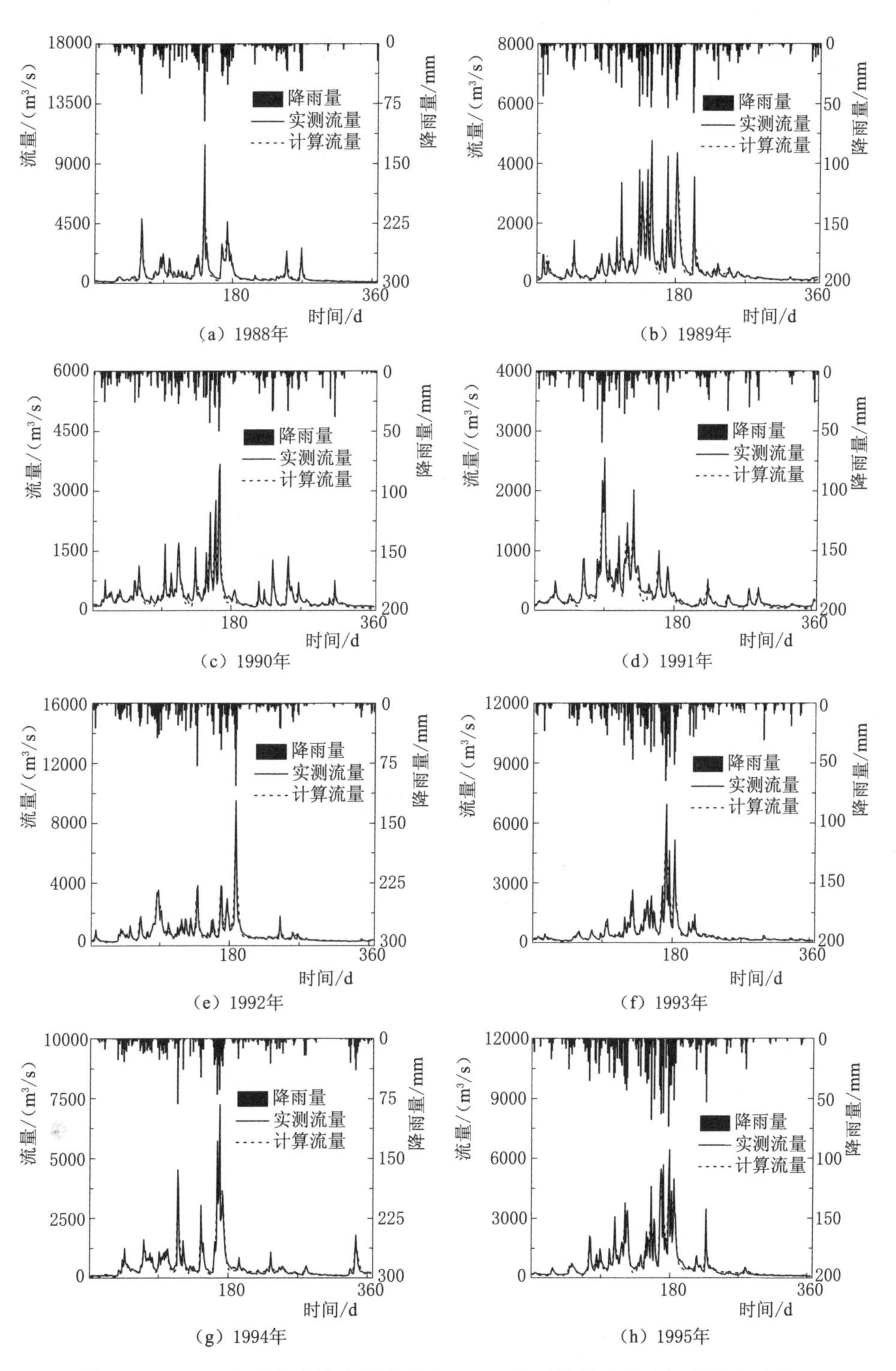

图4.10(一) 七里街流域实测流量与NAM模型计算流量之间的拟合过程

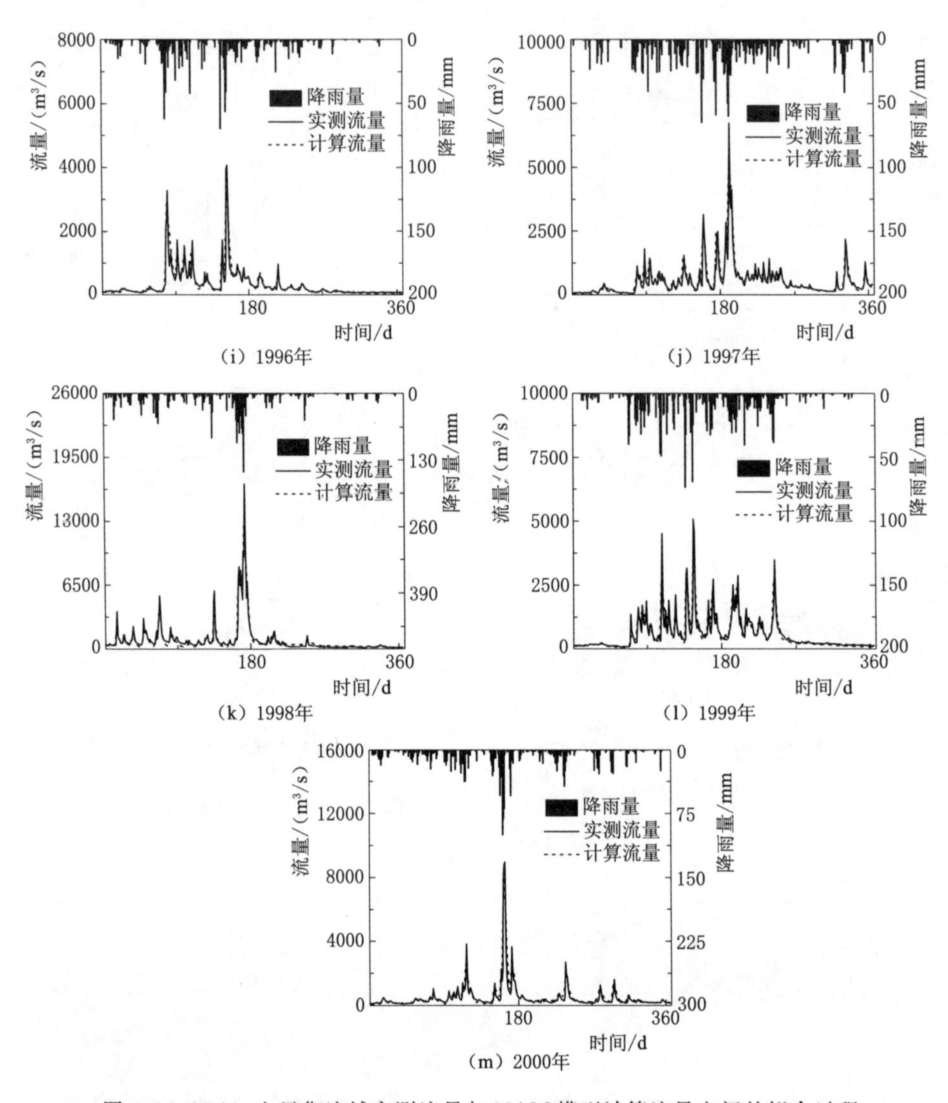

图 4.10(二) 七里街流域实测流量与NAM模型计算流量之间的拟合过程

表 4.19 100组NAM模型优选参数稳定性指标统计(邵武流域)

指标	*KC*	*UM*	*CQOF*	*CKIF*	$CK_{1,2}$	*TOF*	*TIF*	*TG*
均值	0.872	48.924	0.688	7.276	1.289	0.100	0.010	0.010
最小值	0.868	47.888	0.686	7.009	1.287	0.088	0.010	0.010
最大值	0.882	49.440	0.690	7.421	1.293	0.109	0.014	0.010
Pvar	5.81×10^{-6}	8.59×10^{-2}	3.82×10^{-7}	4.46×10^{-3}	1.04×10^{-6}	1.64×10^{-5}	3.32×10^{-7}	2.52×10^{-10}

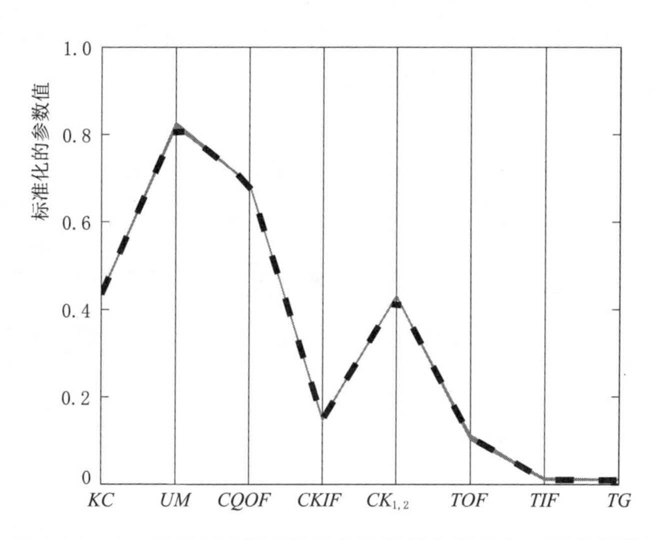

图 4.11　100 组 NAM 模型优选参数终值位置分布（邵武流域）

2. 合理性

从率定结果（表 4.19）和每个参数的范围（表 3.8）来审视每个 NAM 模型参数的合理性，可以看到每个参数均在其物理意义合理范围之内。

3. 率定效率

表 4.20 展示了 100 组 NAM 模型参数在邵武流域的优选效率指标统计。平均循环次数为 42 次，最小值为 17 次，最大值为 110 次；平均率定时间为 321s，最短为 130s，最长需要 841s；模型平均运算次数为 798 次，最少为 323 次，最多为 2090 次，因此说明系统响应参数优选方法在邵武流域率定 NAM 模型参数寻优速率也较快。

表 4.20　　100 组 NAM 模型参数优选效率指标统计（邵武流域）

指标	循环次数/次	率定时间/s	模型运算次数/次
均值	42	321	798
最小值	17	130	323
最大值	110	841	2090

4.4.2.2　模拟效果

同样，评判优选参数的好坏，要看其代入到模型的模拟效果。把率定的参数均值代入到模型计算，NAM 模型的日模率定期与检验期的模拟结果见表 4.21。从表中可以看出：①率定期径流深相对误差均在 6.67%以内，其平均值为 1.16%，确定性系数都在 0.828 以上，平均确定性系数为 0.839，表明实测流量与计算流量拟合也较好；②检验期的径流深相对误差均值为−5.26%，确定性系数都在 0.799 以上，平均确定性系数为 0.800，表明检验期模拟结果也较好，因此说明系统响应参数优选方法在邵武流域优选出的 NAM 模型参数值精度也较好。

表 4.21　NAM 模型的日模率定期和检验期模拟结果统计（邵武流域）

时期	年份	降雨量/mm	实测径流深/mm	计算径流深/mm	相对误差 *dr*/%	有效系数 *DC*
率定期	1988	1905	1406	1342	4.55	0.850
	1989	1886	1248	1252	−0.32	0.849
	1990	1756	1012	978	3.36	0.839
	1991	1374	789	758	3.93	0.839
	1992	2204	1595	1615	−1.25	0.837
	1993	1983	1463	1456	0.48	0.837
	1994	2101	1397	1403	−0.43	0.844
	1995	2099	1769	1651	6.67	0.828
	1996	1567	949	987	−4.00	0.828
	1997	2527	1686	1710	−1.42	0.839
	平均值	1940	1331	1315	1.16	0.839
检验期	1998	2859	2277	2429	−6.68	0.801
	1999	2237	1363	1245	8.66	0.799
	2000	2107	1092	1286	−17.77	0.799
	平均值	2401	1577	1653	−5.26	0.800

为了更直观的分析评价优选参数，将其带入到模型进行计算，得出的流量过程与实测过程的拟合情况见图 4.12。该图展示了全部 13 年的计算流量与实测流量的拟合过程。可以看到计算过程基本是沿着实测过程曲线，说明优选出的参数值精度较高。

4.4.3 NAM 模型在东张水库流域的参数率定

4.4.3.1 率定结果

在东张水库流域同样是进行 100 组不同初值的参数寻优。所优选的参数仍然是前面验证的 NAM 模型敏感参数，其他两个不敏感参数根据其物理意义结合东张水库流域实际情况而定，见表 4.22。

表 4.22　NAM 模型不敏感参数取值（东张水库流域）

参数	*CKBF*	*LM*
取值	100	75

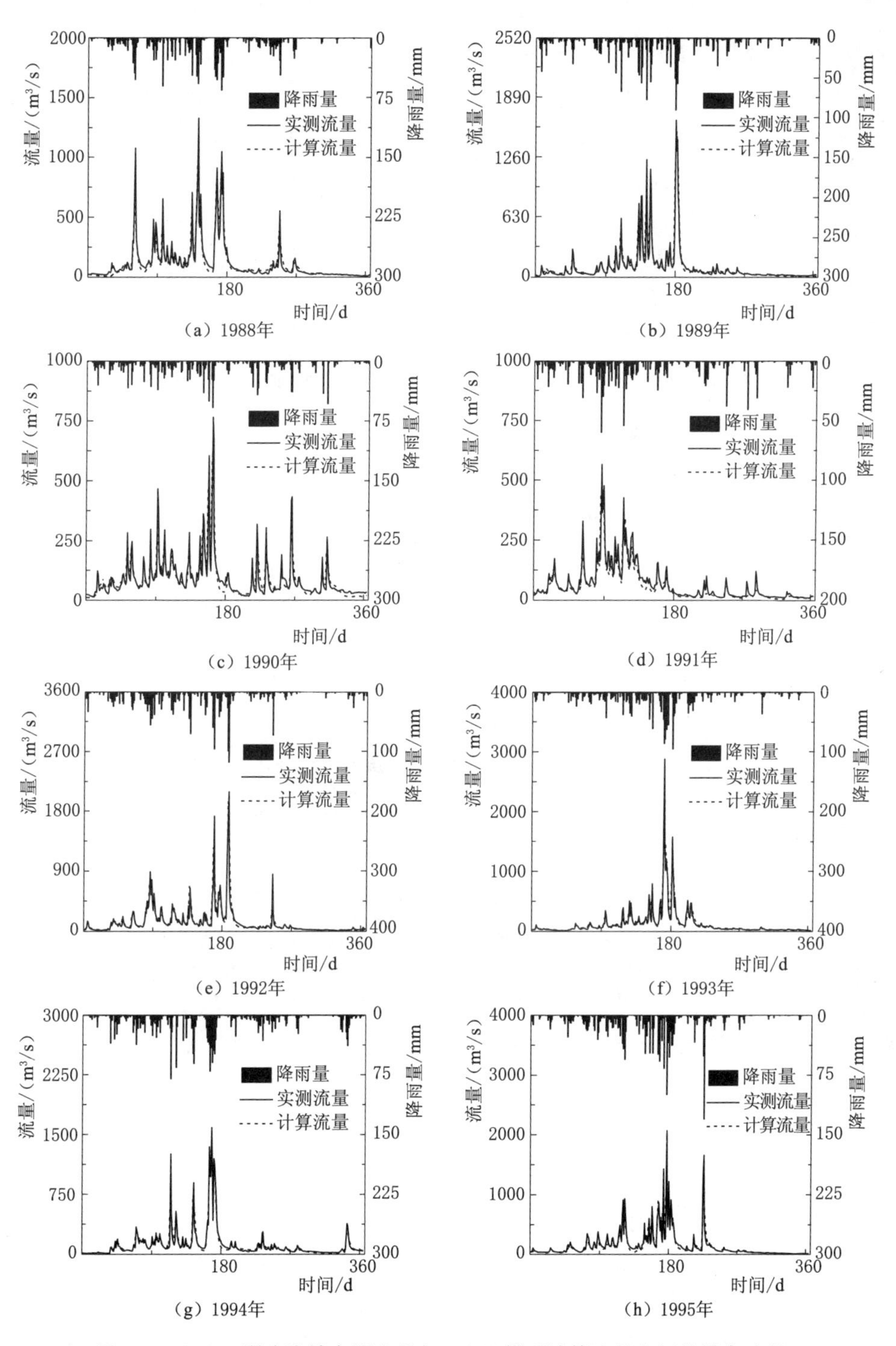

图 4.12(一) 邵武流域实测流量与NAM模型计算流量之间的拟合过程

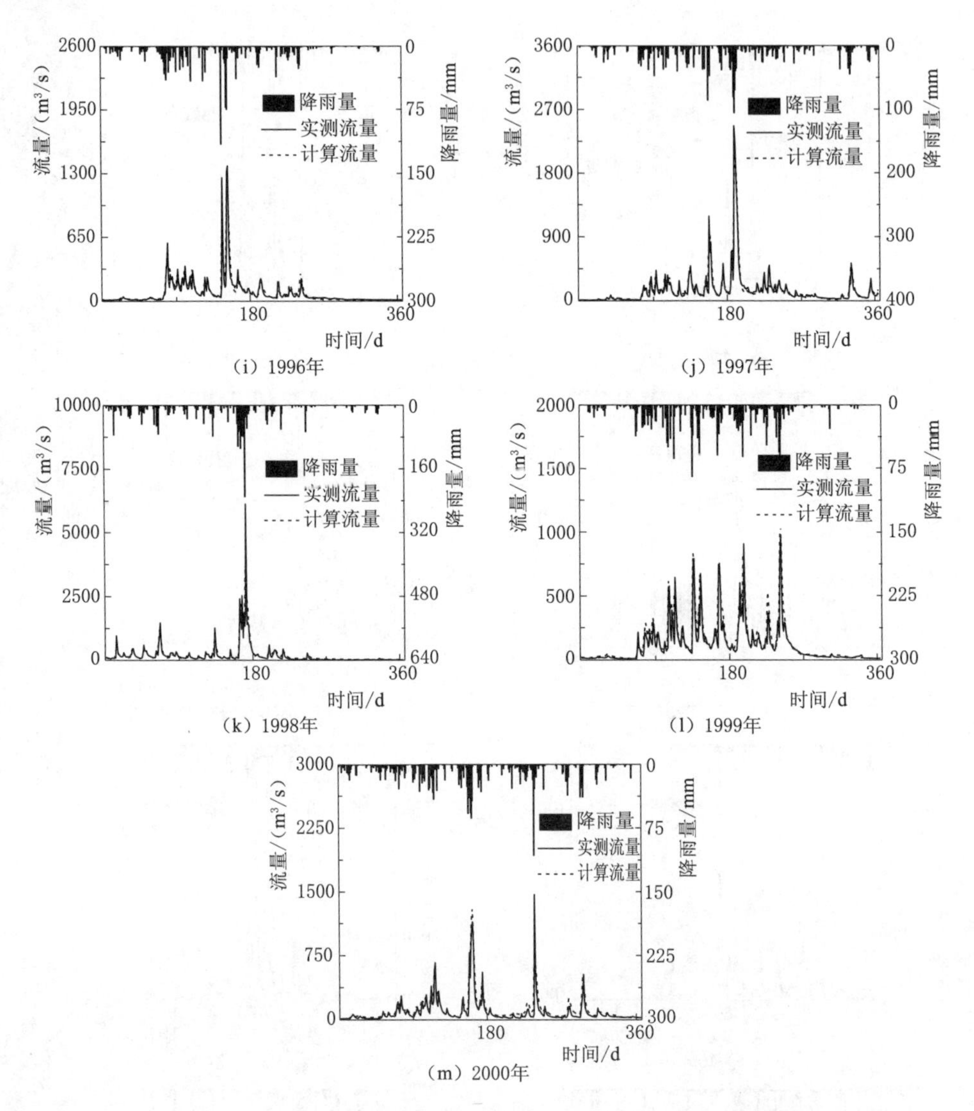

图 4.12（二） 邵武流域实测流量与NAM模型计算流量之间的拟合过程

1. 稳定性

图 4.13 展示的是在东张水库流域 100 组 NAM 模型参数优值位置分布，图中各符号与曲线含义如前所述。从该图可以看出：系统响应参数率定方法的 100 组优选结果、平均值位置几乎一样，101 条曲线重合在一起。

此外，从表 4.23 展示的 100 组优选参数终值的均值、最小值、最大值以及方差来看，均值、最小、最大值都很接近，方差也很小，这表明系统响应参数率定方法稳定，不受初值影响。

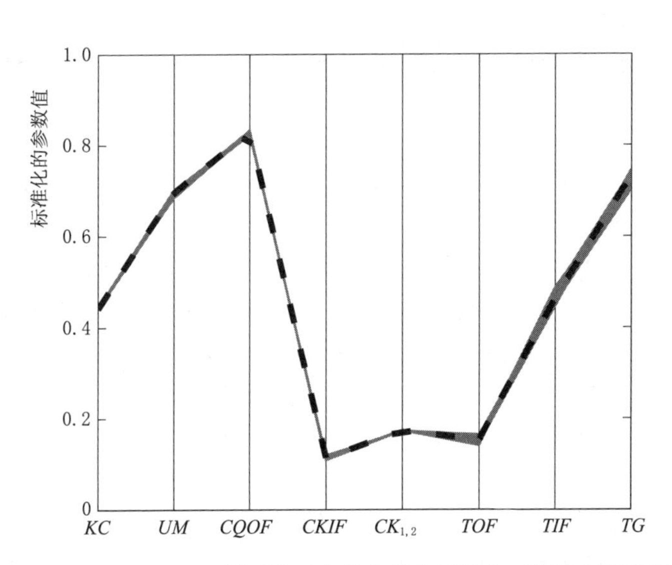

图4.13 100组NAM模型优选参数终值位置分布（东张水库流域）

表4.23 100组NAM模型优选参数稳定性指标统计（东张水库流域）

指标	*KC*	*UM*	*CQOF*	*CKIF*	$CK_{1,2}$	*TOF*	*TIF*	*TG*
均值	0.882	41.881	0.830	5.708	0.520	0.154	0.463	0.734
最小值	0.878	41.127	0.824	5.425	0.518	0.141	0.446	0.703
最大值	0.891	42.203	0.834	5.967	0.526	0.165	0.488	0.747
Pvar	7.06×10^{-6}	3.37×10^{-2}	1.19×10^{-6}	4.87×10^{-3}	5.11×10^{-7}	1.55×10^{-5}	7.10×10^{-5}	5.82×10^{-5}

2. 合理性

从率定结果（表4.23）和每个参数的范围（表3.8）来审视NAM模型每个参数的合理性，可以看到每个参数均在其物理意义合理范围之内。

3. 率定效率

表4.24展示了100组NAM模型参数在东张水库流域的优选效率指标统计。平均循环次数为7次，最小值为3次，最大值为46次；平均率定时间为32s，最短为11s，最长需要262s；模型平均运算次数为139次，最少为57次，最多为874次，因此说明系统响应参数优选方法在东张水库流域率定NAM模型参数寻优速率也较快。

表4.24 100组NAM模型参数优选效率指标统计（东张水库流域）

指标	循环次数/次	率定时间/s	模型运算次数/次
均值	7	32	139

续表

指标	循环次数/次	率定时间/s	模型运算次数/次
最小值	3	11	57
最大值	46	262	874

4.4.3.2 模拟效果

同样，评判优选参数的好坏，要看其代入到模型的模拟效果。把率定的参数均值代入到NAM模型计算，日模率定期与检验期的模拟结果见表4.25。从该表可以看出：①率定期径流深相对误差均在11.70%以内，平均值为−0.25%，而且没有出现系统偏差，确定性系数都在0.892以上，平均确定性系数为0.927，表明实测流量与计算流量拟合较好；②检验期的径流深相对误差均值为7.33%，确定性系数都在0.934以上，平均确定性系数为0.935，表明检验期模拟结果也较好，因此说明系统响应参数优选方法在东张水库流域优选出的NAM模型参数值精度较好。

表4.25　NAM模型的日模率定期和检验期模拟结果统计（东张水库流域）

	年份	降雨量/mm	实测径流深/mm	计算径流深/mm	相对误差 dr/%	有效系数 DC
率定期	1986	1462	693	693	0.00	0.920
	1987	1511	710	695	2.10	0.908
	1988	1718	1026	906	11.70	0.914
	1989	1592	856	875	−2.20	0.892
	1990	2785	2031	2000	1.50	0.941
	1992	2002	1354	1340	1.10	0.940
	1993	1378	703	745	−6.00	0.940
	1994	1825	1004	1065	−6.10	0.940
	1995	1433	793	810	−2.10	0.942
	1996	1710	892	914	−2.50	0.937
	平均值	1742	1006	1004	−0.25	0.927
检验期	1997	2077	1393	1134	18.60	0.937
	1998	1949	1125	1079	4.10	0.935
	1999	1998	1256	1265	−0.70	0.934
	平均值	2008	1258	1159	7.33	0.935

图4.14更直观地展示了13年的东张水库流域实测流量过程与NAM模型计算得到的流量过程拟合情况。可以看到每个年份计算过程与实测过程都拟合较好，说明在东张水库流域优选出的NAM模型参数值合理有效。

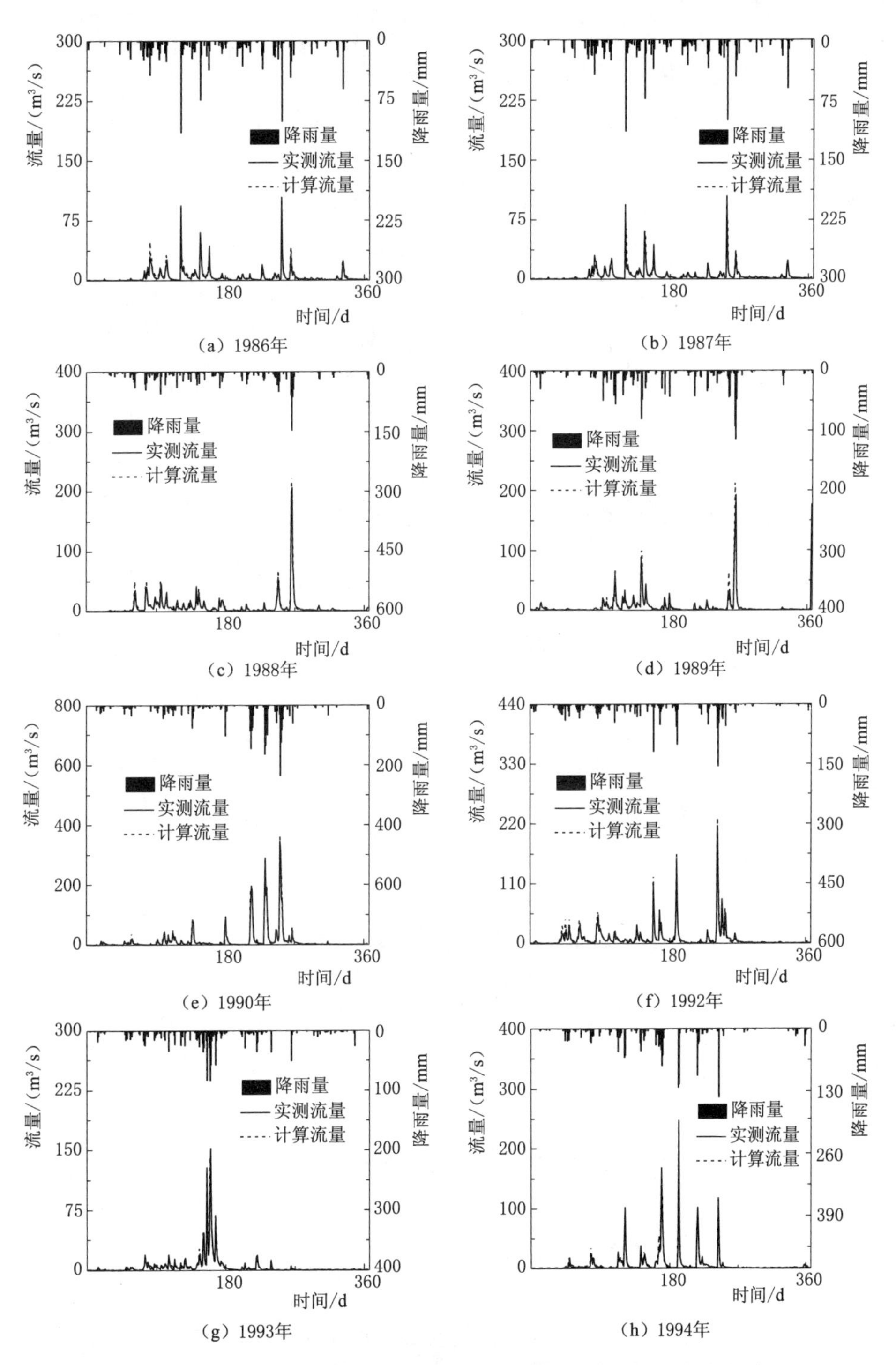

图 4.14(一) 东张水库流域实测流量与NAM模型计算流量之间的拟合过程

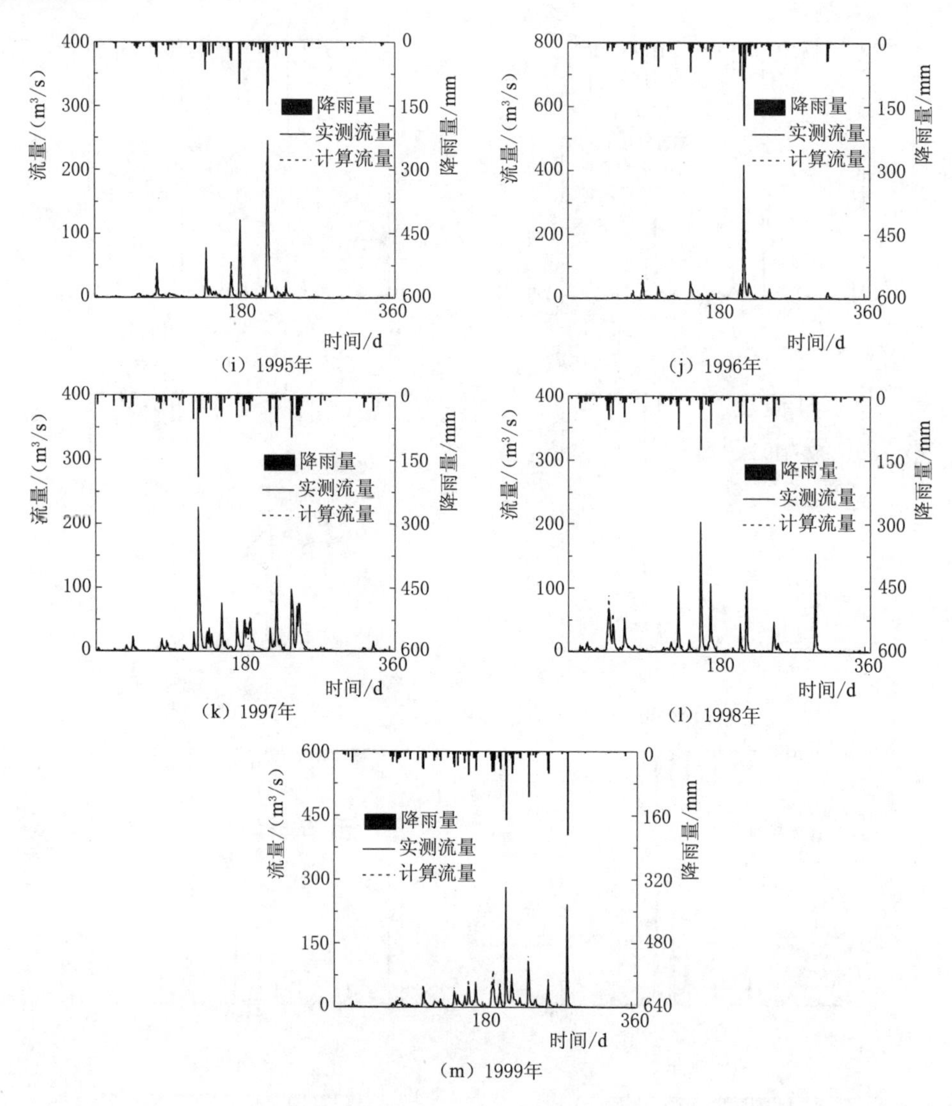

图4.14(二) 东张水库流域实测流量与NAM模型计算流量之间的拟合过程

4.5 HBV模型参数率定

4.5.1 HBV模型在七里街流域的参数率定

4.5.1.1 率定结果

为了充分验证方法的有效性，随机生成100组不同的初值，进行100次参数寻优。所优选的参数仍然是前面验证的HBV敏感参数，其他不敏感参数根据其物理意义结合七里街流域实际情况而定，见表 4.26。

表 4.26 HBV 模型不敏感参数取值（七里街流域）

参数	*FC*	*LP*	*MAXBAS*
取值	170	0.3	3

1. 稳定性

图 4.15 展示的是系统响应参数率定方法所寻找到的 100 组 HBV 模型参数优值位置分布，图中横坐标是 HBV 模型各参数符号，纵坐标是标准化的参数值。该图共有 101 条线，100 条灰色实线代表 100 组不同参数初值下的参数优选值，1 条黑色虚线代表的是 100 组参数优选结果的平均值。从该图可以看出：系统响应参数率定方法的 100 组优选结果及平均值位置相同，101 条曲线重合在一起，在图上看似为一条线。

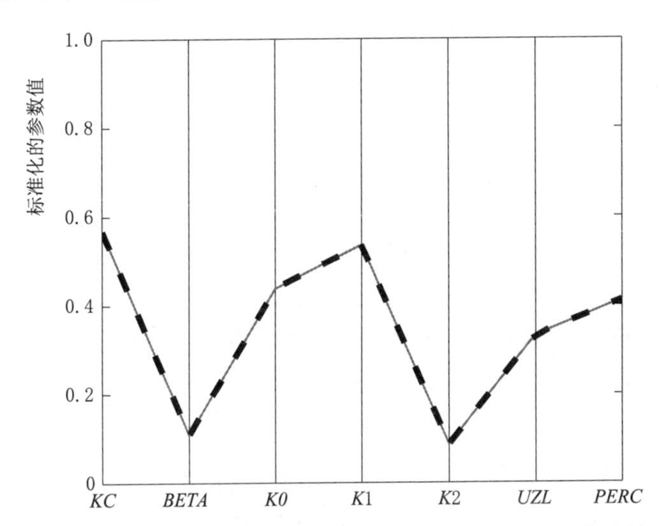

图 4.15 100 组 HBV 模型优选参数终值位置分布（七里街流域）

此外，从表 4.27 展示的 100 组优选参数终值的均值、最小值、最大值以及方差来看，均值、最小、最大值几乎完全相同，而且各参数对应的方差也很小，这都表明系统响应参数率定方法很稳定。

表 4.27 100 组 HBV 模型优选参数稳定性指标统计（七里街流域）

指标	*KC*	*BETA*	*K*0	*K*1	*K*2	*UZL*	*PERC*
均值	1.135	0.649	0.438	0.161	0.010	33.193	0.082
最小值	1.134	0.648	0.438	0.161	0.010	33.177	0.082
最大值	1.135	0.649	0.438	0.161	0.010	33.240	0.082
Pvar	2.63×10^{-8}	8.25×10^{-8}	4.50×10^{-9}	3.11×10^{-9}	2.78×10^{-11}	1.59×10^{-4}	7.82×10^{-10}

2. 合理性

从率定结果（表 4.27）和每个参数的范围（表 3.15）来审视 HBV 模型每个参数的合理性，可以看到每个参数均在其物理意义合理范围之内。

3. 率定效率

表 4.28 展示了 100 组 HBV 模型在七里街流域参数优选效率指标统计。平均循环次数为 14 次，最小值为 8 次，最大值为 35 次；平均率定时间为 119s，最短为 77s，最长也只需要 281s；模型平均运算次数为 251 次，最少为 144 次，最多为 630 次，因此说明系统响应参数优选方法寻优效率较高。

表 4.28　100 组 HBV 模型参数优选效率指标统计（七里街流域）

指标	循环次数/次	率定时间/s	模型运算次数/次
均值	14	119	251
最小值	8	77	144
最大值	35	281	630

4.5.1.2 模拟效果

同样，评判优选参数的好坏，要看其代入到模型的模拟效果。把率定的参数均值代入到模型模拟计算，HBV 模型的日模率定期与检验期的模拟结果见表 4.29。从该表可以看出：①率定期径流深相对误差均在 7.60%以内，其平均值为−2.54%，且相对误差有正有负，没有出现系统偏差，确定性系数都在 0.899 以上，平均确定性系数为 0.907，表明实测流量与计算流量拟合较好；②检验期的径流深相对误差都在 8.50%以内，均值为−0.37%，确定性系数都在 0.921 以上，平均确定性系数为 0.922，表明检验期模拟结果也较好，因此说明系统响应参数优选方法在七里街流域优选出的 HBV 模型参数值精度较好。

表 4.29　HBV 模型的日模率定期和检验期模拟结果统计（七里街流域）

时期	年份	降雨量/mm	实测径流深/mm	计算径流深/mm	相对误差 *dr*/%	有效系数 *DC*
率定期	1988	1920	1281	1234	3.70	0.909
	1989	1813	1099	1103	−0.30	0.903
	1990	1479	791	787	0.40	0.899
	1991	1289	588	633	−7.60	0.900
	1992	2102	1320	1382	−4.70	0.913
	1993	1721	1032	1093	−5.90	0.911
	1994	1827	1047	1032	1.40	0.909
	1995	2068	1482	1451	2.10	0.909
	1996	1357	694	745	−7.30	0.910
	1997	2166	1155	1238	−7.20	0.909
	平均值	1774	1049	1070	−2.54	0.907

续表

时期	年份	降雨量 /mm	实测径流深 /mm	计算径流深 /mm	相对误差 dr /%	有效系数 DC
检验期	1998	2451	1951	1826	6.40	0.922
	1999	1920	1262	1249	1.00	0.921
	2000	1959	1051	1140	−8.50	0.923
	平均值	2110	1421	1405	−0.37	0.922

图4.16更直观地展示了13年的HBV模型计算得出的流量过程与实测过程的拟合情况。可以看到每个年份计算过程与实测过程都拟合较好，说明在七里街流域优选出的HBV模型参数值合理有效。

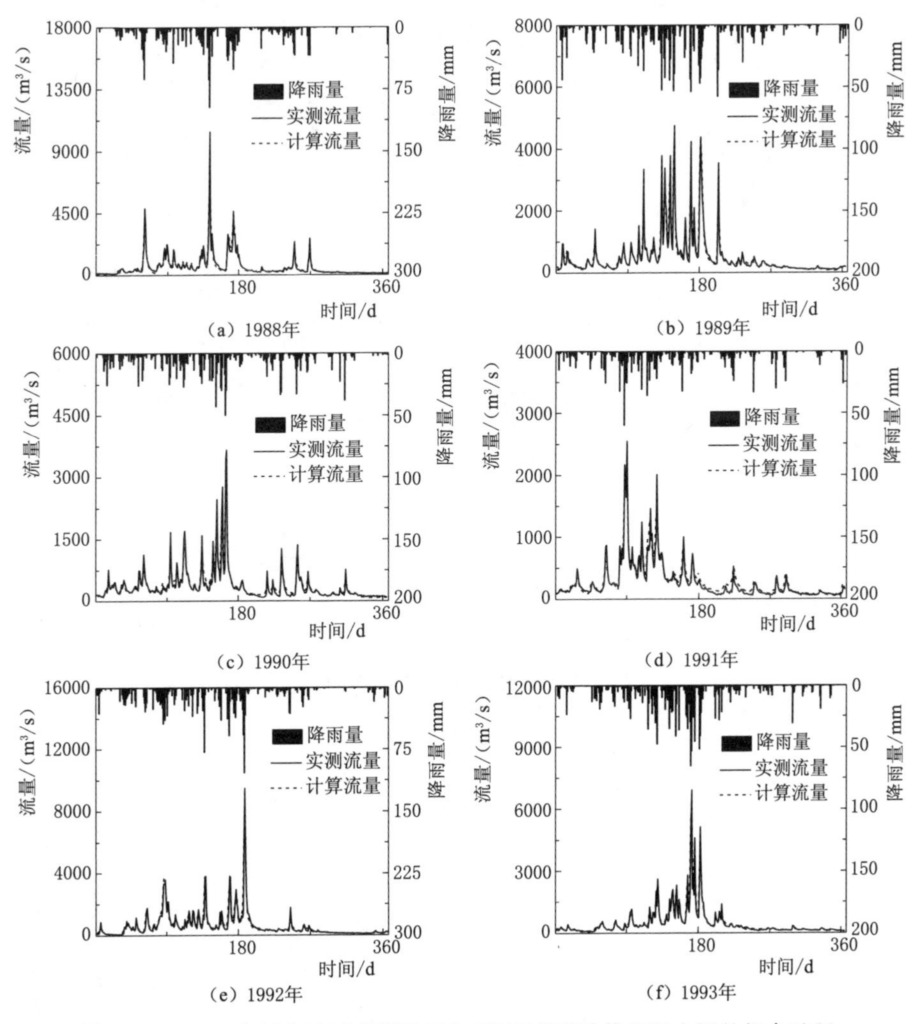

图4.16（一） 七里街流域实测流量与HBV模型计算流量之间的拟合过程

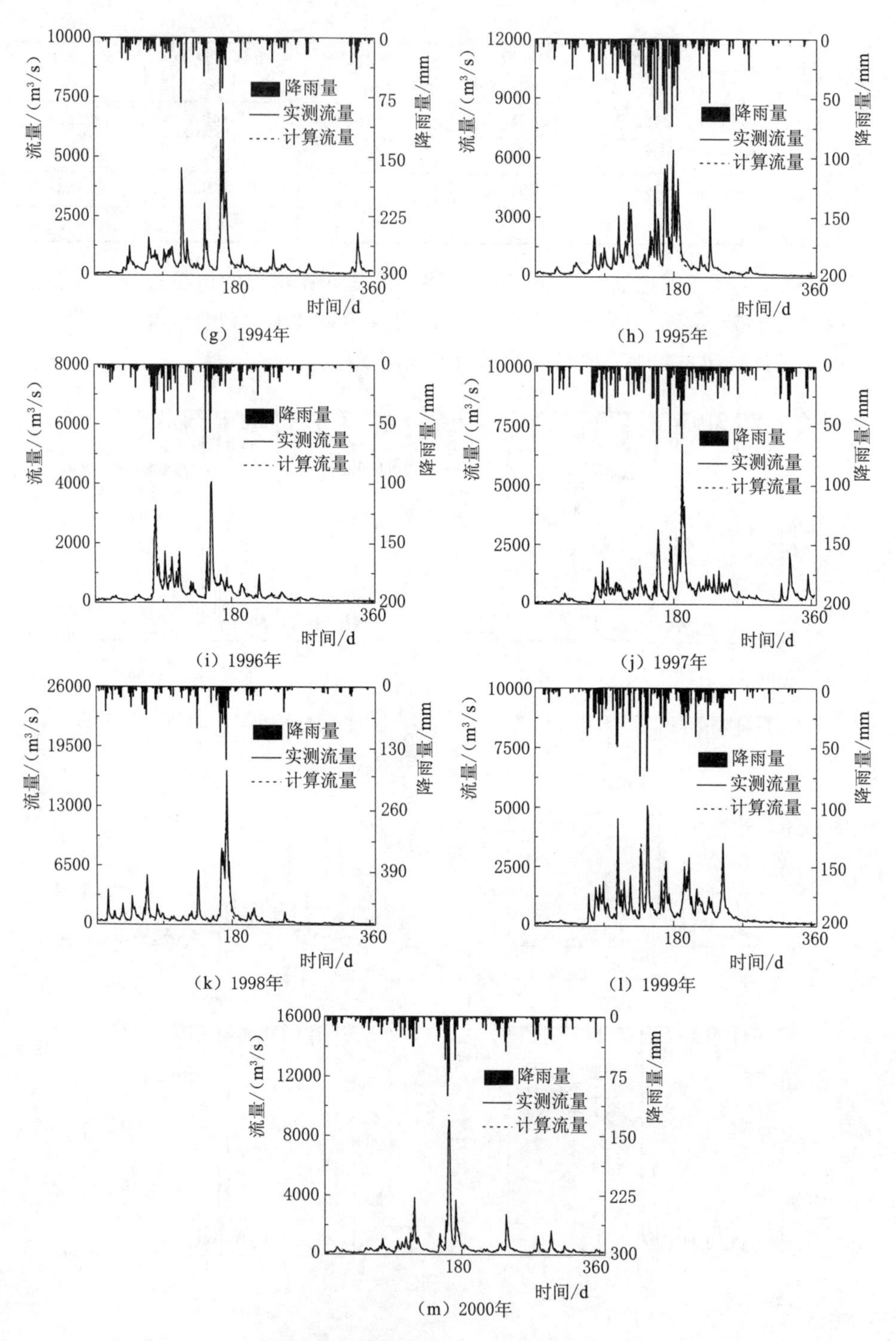

图 4.16（二） 七里街流域实测流量与 HBV 模型计算流量之间的拟合过程

4.5.2 HBV 模型在邵武流域的参数率定

4.5.2.1 率定结果

在邵武流域同样进行 100 组不同初值的参数寻优。所优选的参数仍然是前面验证的 HBV 敏感参数，其他两个不敏感参数根据其物理意义结合邵武流域实际情况而定，见表 4.30。

表 4.30　　HBV 模型不敏感参数取值（邵武流域）

参数	*FC*	*LP*	*MAXBAS*
取值	350	0.5	3

1. 稳定性

图 4.17 展示的是在邵武流域 100 组 HBV 模型参数优值位置分布，图中各符号与曲线含义如前所述。从该图可以看出：系统响应参数率定方法的 100 组优选结果、平均值位置几乎一样，101 条曲线重合在一起。

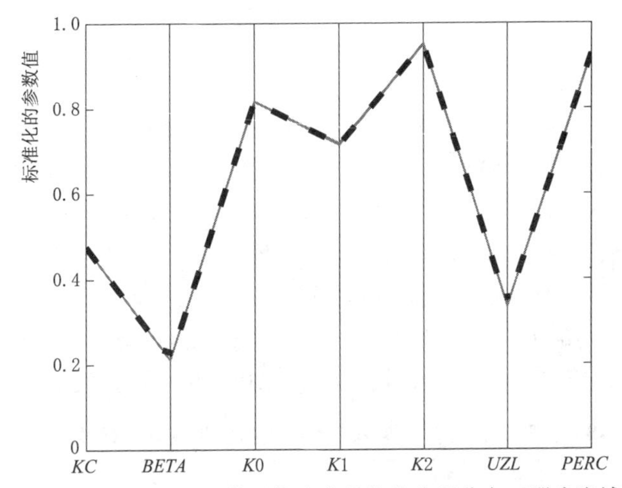

图 4.17　100 组 HBV 模型优选参数终值位置分布（邵武流域）

表 4.31　　100 组 HBV 模型优选参数稳定性指标统计（邵武流域）

指标	*KC*	*BETA*	*K*0	*K*1	*K*2	*UZL*	*PERC*
均值	0.954	1.265	0.816	0.215	0.114	33.591	0.186
最小值	0.954	1.263	0.816	0.214	0.114	33.558	0.185
最大值	0.954	1.268	0.817	0.215	0.114	33.639	0.186
Pvar	2.64×10^{-8}	1.91×10^{-6}	2.48×10^{-8}	9.93×10^{-8}	3.65×10^{-9}	4.73×10^{-4}	1.96×10^{-8}

此外，从表 4.31 展示的 100 组优选参数终值的均值、最小值、最大值以及方差来看，最小、最大值都很接近均值，方差也很小，这表明系统响应参数

率定方法稳定，不受初值影响。

2. 合理性

从率定结果（表4.31）和每个参数的范围（表3.15）来审视HBV模型每个参数的合理性，可以看到每个参数均在其物理意义合理范围之内。

3. 率定效率

表4.32展示了100组HBV模型参数在邵武流域的优选效率指标统计。平均循环次数为21次，最小值为12次，最大值为38次；平均率定时间为73s，最短为42s，最长只需要133s；模型平均运算次数为380次，最少为216次，最多为684次，因此说明系统响应参数优选方法在邵武流域率定HBV模型参数寻优速率也较快。

表4.32　100组HBV模型参数优选效率指标统计（邵武流域）

指标	循环次数/次	率定时间/s	模型运算次数/次
均值	21	73	380
最小值	12	42	216
最大值	38	133	684

4.5.2.2 模拟效果

评判优选参数的好坏，要看其代入到模型的模拟效果。把率定的参数均值代入到模型计算，HBV模型的日模率定期与检验期的模拟结果见表4.33。从该表可以看出：①率定期径流深相对误差均在8.90%以内，其平均值为1.23%，确定性系数都在0.901以上，平均确定性系数为0.910，表明实测流量与计算流量拟合较好；②检验期的径流深相对误差均值为−4.46%，确定性系数都在0.891以上，平均确定性系数为0.892，表明检验期模拟结果也较好。因此说明系统响应参数优选方法在邵武流域优选出的HBV模型参数值精度较好。

表4.33　HBV模型的日模率定期和检验期模拟结果统计（邵武流域）

时期	年份	降雨量/mm	实测径流深/mm	计算径流深/mm	相对误差 dr/%	有效系数 DC
率定期	1988	1905	1406	1302	7.40	0.914
	1989	1886	1248	1247	0.10	0.923
	1990	1756	1012	1059	−4.60	0.914
	1991	1374	789	791	−0.20	0.915
	1992	2204	1595	1594	0.10	0.907
	1993	1983	1463	1426	2.50	0.908
	1994	2101	1397	1368	2.10	0.906
	1995	2099	1769	1611	8.90	0.901
	1996	1567	949	977	−2.90	0.902
	1997	2527	1686	1705	−1.10	0.907
	平均值	1940	1331	1308	1.23	0.910

续表

时期	年份	降雨量/mm	实测径流深/mm	计算径流深/mm	相对误差 dr/%	有效系数 DC
检验期	1998	2859	2277	2303	−1.14	0.894
	1999	2237	1363	1295	4.99	0.892
	2000	2107	1092	1280	−17.22	0.891
	平均值	2401	1577	1626	−4.46	0.892

图 4.18 更直观地展示了 13 年的邵武流域实测流量过程与 HBV 模型计算得到的流量过程拟合情况。可以看到每个年份计算过程与实测过程都拟合较好，说明在邵武流域优选出的 HBV 模型参数值合理有效。

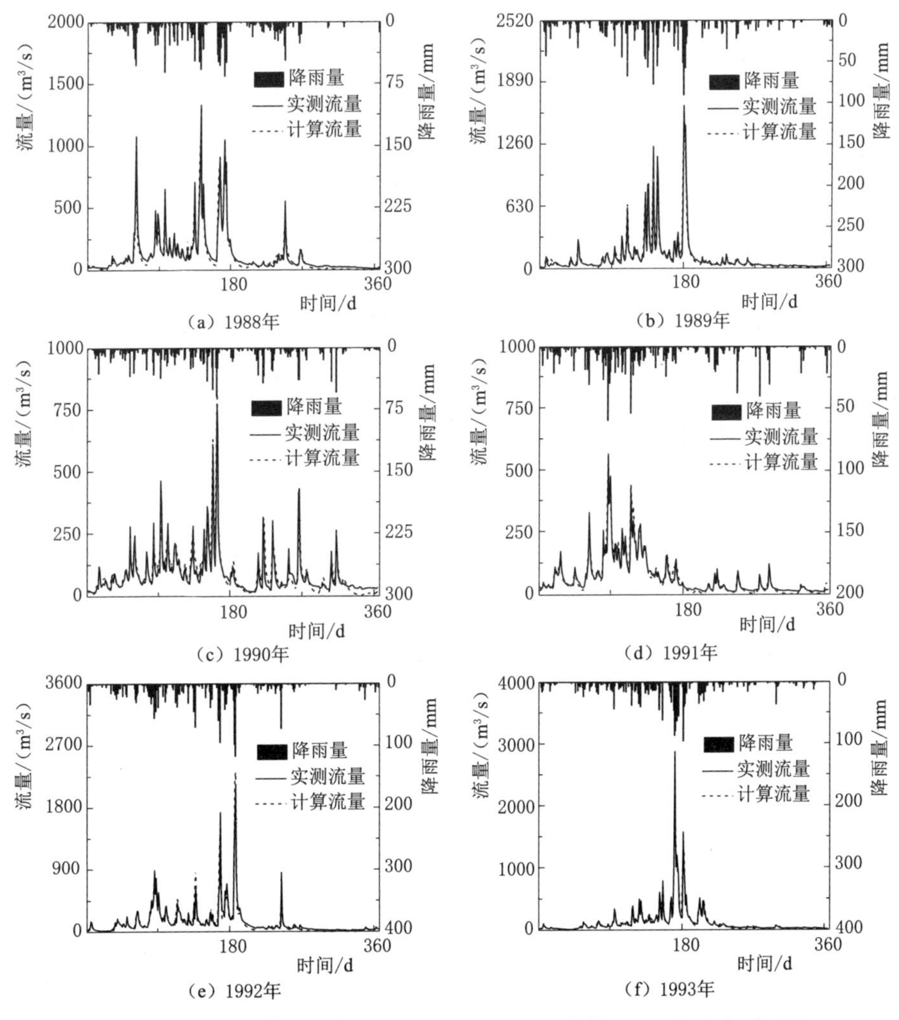

图 4.18（一） 邵武流域实测流量与 HBV 模型计算流量之间的拟合过程

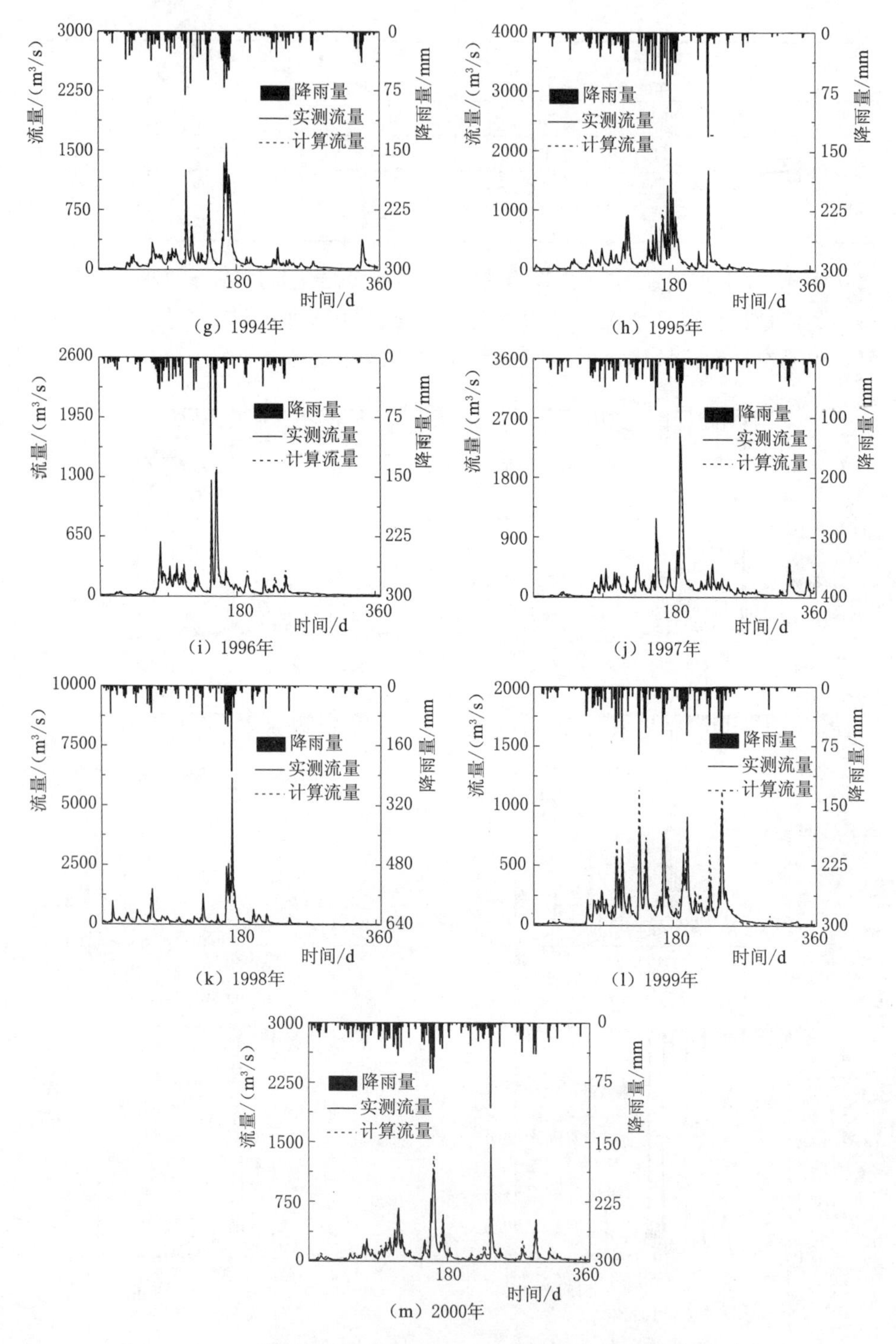

图 4.18（二） 邵武流域实测流量与 HBV 模型计算流量之间的拟合过程

4.5.3 HBV模型在东张水库流域的参数率定

4.5.3.1 率定结果

在东张水库流域同样进行100组不同初值的参数寻优。所优选的参数仍然是前面验证的HBV敏感参数，其他两个不敏感参数根据其物理意义结合东张水库流域实际情况而定，见表4.34。

表4.34　　HBV模型不敏感参数取值（东张水库流域）

参数	*FC*	*LP*	*MAXBAS*
取值	230	0.98	3

1. 稳定性

图4.19展示的是在东张水库流域100组HBV模型参数优值位置分布，图中各符号与曲线含义如前所述。从该图可以看出：系统响应参数率定方法的100组优选结果、平均值位置几乎完全一致，101条曲线重合在一起。

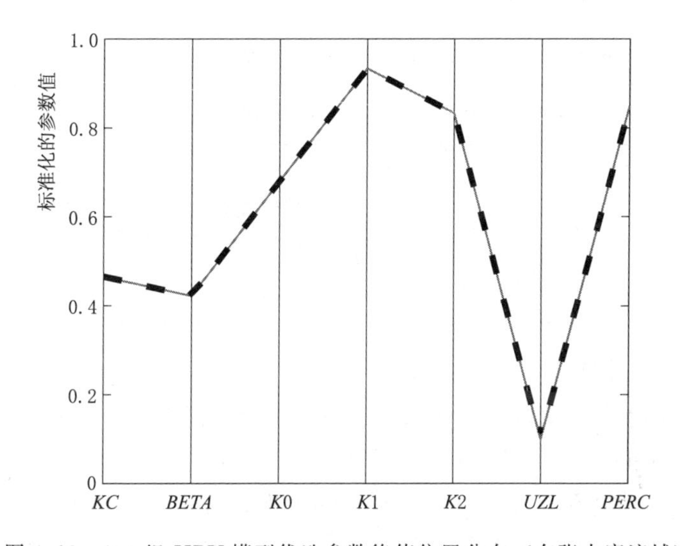

图4.19　100组HBV模型优选参数终值位置分布（东张水库流域）

此外，从表4.35展示的100组优选参数终值的均值、最小值、最大值以及方差来看，最小、最大值都很接近均值，方差也很小，这表明系统响应参数率定方法稳定，不受初值影响。

2. 合理性

从率定结果（表4.35）和每个参数的范围（表3.15）来审视HBV模型每个参数的合理性，可以看到每个参数均在其物理意义合理范围之内。

表 4.35　100 组 HBV 模型优选参数稳定性指标统计（东张水库流域）

指标	KC	BETA	K0	K1	K2	UZL	PERC
均值	0.930	2.530	0.680	0.280	0.100	10.000	0.170
最小值	0.930	2.530	0.680	0.280	0.100	10.000	0.170
最大值	0.930	2.530	0.680	0.280	0.100	10.000	0.170
Pvar	8.05×10^{-13}	1.50×10^{-11}	4.13×10^{-13}	8.48×10^{-13}	1.02×10^{-13}	7.56×10^{-11}	5.29×10^{-13}

3. 率定效率

表 4.36 展示了 100 组 HBV 模型参数在东张水库流域的优选效率指标统计。平均循环次数为 7 次，最小值为 4 次，最大值为 10 次；平均率定时间为 23s，最短为 13s，最长只需要 36s；模型平均运算次数为 119 次，最少为 72 次，最多为 180 次，因此说明系统响应参数优选方法在邵武流域率定 HBV 模型参数寻优速率较快。

表 4.36　100 组 HBV 模型参数优选效率指标统计（东张水库流域）

指标	循环次数/次	率定时间/s	模型运算次数/次
均值	7	23	119
最小值	4	13	72
最大值	10	36	180

4.5.3.2 模拟效果

评判优选参数的好坏，要看其代入到模型的模拟效果。把率定的参数均值代入到模型模拟计算，HBV 模型的日模率定期与检验期的模拟计算结果见表 4.37。从该表可以看出：①率定期径流深相对误差均在 5.80%以内，其平均值为－0.87%，且相对误差有正有负，没有出现系统偏差，平均确定性系数为 0.852，表明实测流量与计算流量拟合较好；②检验期的径流深相对误差均值为 6.70%，确定性系数都在 0.833 以上，平均确定性系数为 0.848，表明检验期模拟结果也较好。因此说明系统响应参数优选方法在东张水库流域优选出的 HBV 模型参数值精度较好。

图 4.20 更直观地展示了 13 年的 HBV 模型计算得出的流量过程与实测过程的拟合情况。可以看到每个年份计算过程与实测过程都拟合较好，说明在东张水库流域优选出的 HBV 模型参数值合理有效。

表 4.37 HBV 模型的日模率定期和检验期模拟结果统计（东张水库流域）

时期	年份	降雨量 /mm	实测径流深 /mm	计算径流深 /mm	相对误差 dr /%	有效系数 DC
率定期	1986	1462	693	694	−0.10	0.805
	1987	1511	710	747	−5.20	0.746
	1988	1718	1026	981	4.40	0.829
	1989	1592	856	897	−4.80	0.841
	1990	2785	2031	2033	−0.10	0.897
	1992	2002	1354	1275	5.80	0.886
	1993	1378	703	722	−2.80	0.884
	1994	1825	1004	1046	−4.20	0.880
	1995	1433	793	816	−2.90	0.884
	1996	1710	892	881	1.20	0.863
	平均值	1742	1006	1009	−0.87	0.852
检验期	1997	2077	1393	1158	16.90	0.859
	1998	1949	1125	1069	5.00	0.851
	1999	1998	1256	1279	−1.80	0.833
	平均值	2008	1258	1169	6.70	0.848

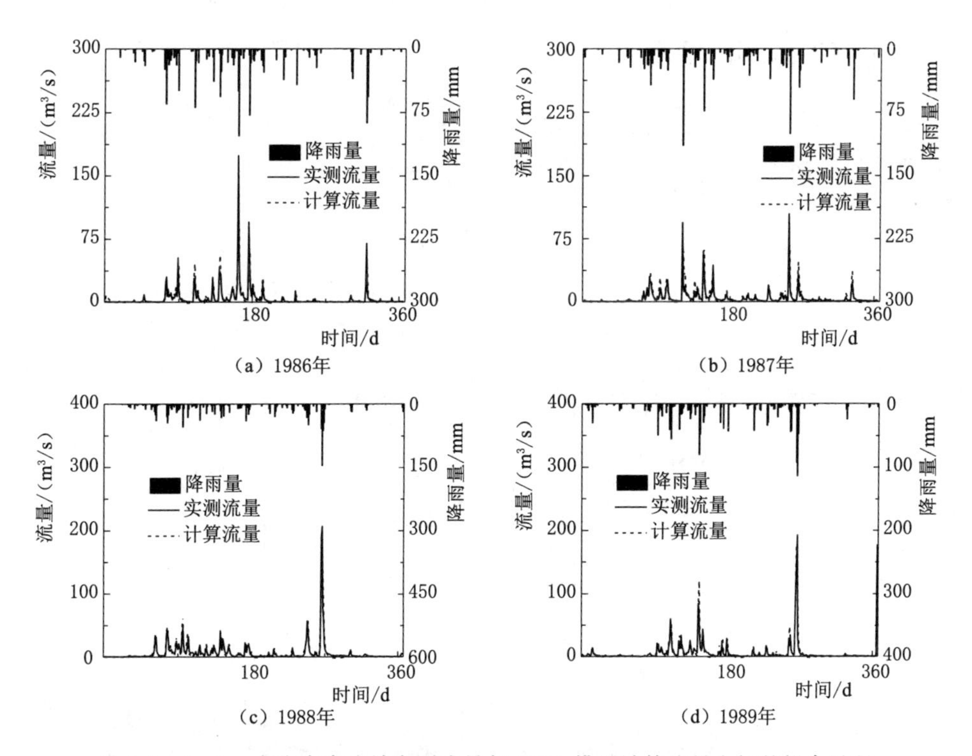

图 4.20（一） 东张水库流域实测流量与 HBV 模型计算流量之间的拟合过程

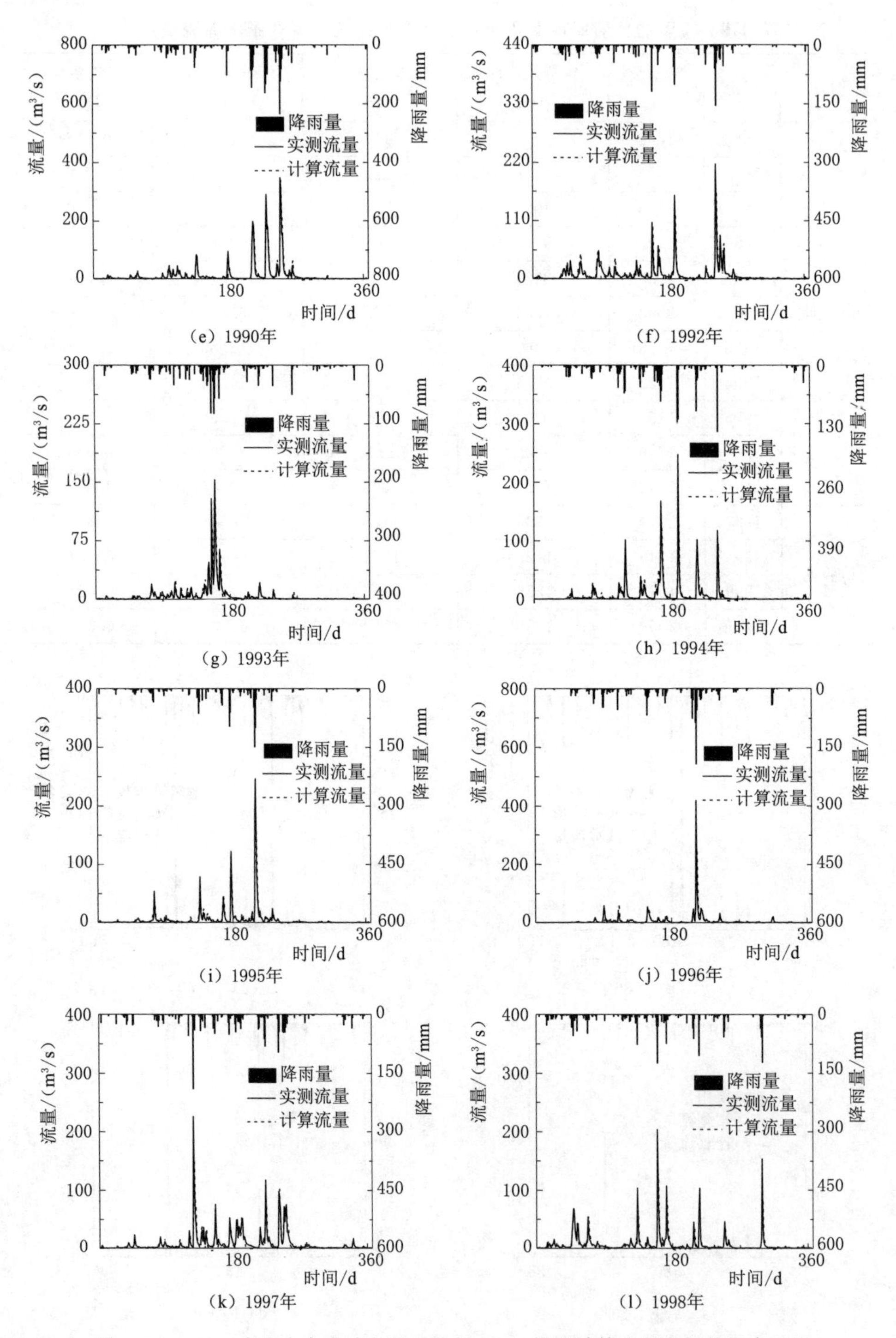

图 4.20（二） 东张水库流域实测流量与 HBV 模型计算流量之间的拟合过程

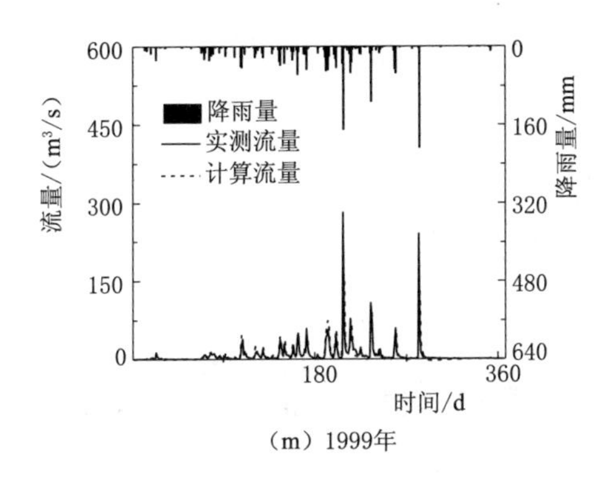

(m) 1999年

图 4.20（三） 东张水库流域实测流量与 HBV 模型计算流量之间的拟合过程

4.6 本章小结

本章对系统响应参数优化方法进行了多个模型、多个实际流域的应用检验。所选择的模型为 XAJ 模型、NAM 模型和 HBV 模型，所选择的流域为三个大小特征不同的流域——七里街流域、邵武流域和东张水库流域。用系统响应参数优化方法对三个模型、三个流域分别进行参数率定，并将率定的参数代入模型进行模拟计算，评价模型的模拟效果。

在每一个模型、每个流域的应用检验中，都进行了 100 次不同参数初值的参数优选。从率定结果来看：①优选结果稳定，不受参数初值影响，说明该方法不依赖于初值的选择；②优选的参数均符合物理意义范围；③参数寻优速率较快。从模拟效果来看：无论率定期还是检验期，径流深相对误差皆较小，确定性系数较高，实测与模拟计算流量过程拟合皆较好。因此，通过不同规模的实际流域的验证，能够看出系统响应参数率定方法是可行的、有效的，在实际流域具有一定的应用价值，且对于不同流域均适用。

第5章

总结与展望

5.1 总结

5.1.1 系统响应参数率定方法的提出

现有参数优选方法一般都是在基于幂函数的目标函数曲面上寻找参数优值，其中最常用的是误差平方和目标函数。本书从误差平方和目标函数的结构、对参数率定能提供的信息分析入手，发现了误差平方和目标函数为参数估计提供的信息存在众多不合理性，包括：①单样本目标函数信息的不合理性；②不同样本组合目标函数信息的不合理性；③变参数样本组合目标函数信息的不合理性；④误差平方和目标函数构建问题。

基于以上的研究，提出了系统响应参数优化方法，该方法具有如下优点和特点：①该方法直接在参数函数曲面上寻找参数，不再像现有参数优选方法一样在目标函数曲面上寻找参数优值；②利用模型输出变化量与参数变化量之间的微分系统响应关系把非线性参数率定问题转变成了线性参数率定问题，从而可以避免不相关局部优值问题；③用样本参数函数的导数获取的参数估计信息更精确，由于样本函数的微分模型反映了模型误差与参数间的系统响应关系，以该关系为基础获得的参数估计信息更有效；④方法的收敛性能严格地得到证明。因而，系统响应参数率定方法可以避免误差平方和目标函数对参数率定所带来的不合理问题。

5.1.2 理想模型验证及与其他方法对比研究

本部分内容主要是对系统响应参数率定方法进行多角度验证，并与传统优化算法的代表（单纯形法）和现代优化算法的代表（SCE－UA 方法）进行对比研究，分析系统响应参数率定方法各方面的性能。要验证该方法是否可行有效，最主要的在于是否能快速稳定地找到参数真值。但在实际中，模型参数真值往往是未知的，因此通过引入和构建理想模型来进行方法验证。在理想模型中，参数真值已知，从而可以判断优化方法是否能找到参数真值；此外，理想模型中各项皆已知，这样可以排除各种不确定性因素的影响，从而专注于优化方法本身是否存在问题。

构建了三个水文模型（XAJ 模型、NAM 模型、HBV 模型）的理想模型并与 Simplex 方法和 SCE－UA 方法进行了对比研究。在每一个模型验证前，首先用 LH－OAT 方法对模型的参数进行了敏感性分析，敏感参数参与优选，不敏感参数根据经验和流域特性而定；然后进行不同参数维数对优化方法的影响分析；最后进行三种优化算法性能的详细对比研究分析，由结果分析可知：①SRPCM 受参数之间的关联性影响小，不同参数组合皆可以找到参数真值，不同参数维数增加会增加模型计算次数和率定时间，但总体时间较少；②与 Simplex 方法和 SCE－UA 方法相比，SRPCM 方法在稳定性、精度和率定效率方面都表现最优。

5.1.3 系统响应参数率定方法的实际应用检验

对系统响应参数率定方法进行了多个模型、多个实际流域的应用检验。所选择的模型为 XAJ 模型、NAM 模型和 HBV 模型，所选择的流域为三个尺度不同的流域——七里街流域、邵武流域和东张水库流域。在每一个模型、每个流域的应用检验中，都进行了 100 次不同参数初值的参数优选。从率定结果来看：①优选结果稳定，不受参数初值影响，说明该方法不依赖于初值的选择；②优选的参数均符合物理意义范围；③参数寻优速率较快。从模拟效果来看：无论率定期还是检验期，径流深相对误差皆较小，确定性系数较高，实测与模拟计算流量过程拟合皆较好。因此，通过不同规模的实际流域的验证，能够看出系统响应参数率定方法是可行有效的，对于不同大小的流域均适用。

5.2 展望

系统响应理论不仅可以应用到参数优化中，实际上水文模型系统的各要素都可以与模型输出变化建立系统微分响应关系，从而可对各要素进行修正研究，并应用到实时洪水预报中，提高洪水预报精度，可为流域水资源和水环境管理提供一种新的技术支撑。

由于系统响应参数率定方法是基于新的概念和理论，而实际优化问题还存在很多复杂性和不确定性，因此该方法还需要更多方面的应用和验证，需要进一步研究探讨的内容如下：

（1）基于次洪资料的方法验证。本书主要是对日模资料进行了验证，针对洪水资料的各方面应用验证是下一步需要做的工作，为洪水预报模型提供可靠的参数可提高洪水预报精度。

（2）不同资料信息对系统响应参数率定方法的影响。下一步可以对资料长度和资料信息类型做研究，比如只用涨水资料，只用退水资料，只用小水资料，只用大水资料或者大水、小水各一半等，研究分析在这样的资料类型下，系统响应参数率定方法的性能，以便更精确地掌握系统响应参数率定方法对资料的要求。

（3）更多模型与流域的实际应用检验。本书虽然分别在三个模型中对三个实际流域进行了应用检验，且取得了较好的应用效果，但一种方法在推广应用之前，还需要更多模型和流域的应用验证。

参 考 文 献

[1] Ng A W M, Perera B J C. Selection of genetic algorithm operators for river water quality model calibration [J]. Engineering Applications of Artificial Intelligence, 2003, 16 (5-6): 529-541.

[2] Dawdy D R, O'Donnell T. Mathematical models of catchment behavior [J]. Journal of the Hydraulics Division, 1965, 91: 123-137.

[3] Bardossy A, Singh S K. Robust estimation of hydrological model parameters [J]. Hydrology and Earth System Sciences Discussions, 2008, 5 (3): 1641-1675.

[4] Sorooshian S, Duan Q, Gupta V K. Calibration of rainfall - runoff models: Application of global optimization to the Sacramento Soil Moisture Accounting Model [J]. Water Resources Research, 1993, 29 (4): 1185-1194.

[5] 金菊良，丁晶．遗传算法及其在水科学中的应用 [M]. 成都：四川大学出版社，2000.

[6] Ibbitt. Systematic parameter fitting for conceptual models of catchment hydrology [J]. University of London, 1970.

[7] Johnston P R, Pilgrim D H. Parameter optimization for watershed models [J]. Water Resources Research, 1976, 12 (3): 477-486.

[8] PICKUP G. Testing the efficiency of algorithms and Strategies for Automatic calibration of rainfall - runoff models/Essais de l'efficacité des algorithms et des stratégies pour l'étalonnage des modèles pluie - écoulement [J]. Hydrological Sciences Bulletin, 1977, 22 (22): 257-274.

[9] Sorooshian S, Gupta V K. Automatic calibration of conceptual rainfall - runoff models: The question of parameter observability and uniqueness [J]. Water Resources Research, 1983, 19 (1): 260-268.

[10] Sorooshian S, Dracup J A. Stochastic parameter estimation procedures for hydrologie rainfall - runoff models: Correlated and heteroscedastic error cases [J]. Water Resources Research, 1980, 16 (2): 430-442.

[11] 包为民．模型参数估计研究 [D]. 南京：河海大学，1989.

[12] Wagener T, Van Werkhoven K, Reed P, et al. Multiobjective sensitivity analysis to understand the information content in streamflow observations for distributed watershed modeling [J]. Water Resources Research, 2009, 45 (2).

[13] Yapo P O, Gupta H V, Sorooshian S. Automatic calibration of conceptual rainfall - runoff models: sensitivity to calibration data [J]. Journal of Hydrology, 1996, 181 (1): 23-48.

[14] Zador J, Zsély I G, Turányi T. Local and global uncertainty analysis of complex chemical kinetic systems [J]. Reliability Engineering & System Safety, 2006, 91 (10): 1232-1240.

[15] Diskin M H, Simon E. A procedure for the selection of objective functions for hydrologic simulation models [J]. Journal of Hydrology, 1977, 34 (1): 129 - 149.

[16] Rosenbrock H H. An automatic method for finding the greatest or least value of a function [J]. Computer Journal, 1960, 3 (3): 175 - 184.

[17] Jeeves T A. "Direct Search" solution of numerical and statistical problems [J]. Journal of the Acm, 1961, 8 (2): 212 - 229.

[18] Nelder J A, Mead R. A simplex method for function minimization [J]. The Computer Journal, 1965, 7 (4): 308 - 313.

[19] Marquardt D W. An algorithm for least square estimation of non - linear parameters [J]. Journal of the Society for Industrial & Applied Mathematics, 1963, 11 (2): 431 - 441.

[20] Levenberg K. A method for the solution of certain non - linear problems in least squares [J]. Journal of Heart & Lung Transplantation the Official Publication of the International Society for Heart Transplantation, 1944, 2 (4): 436 - 438.

[21] Luenberger D. introduction to linear and nonlinear programming [M]. Addison - Wesley, 1973.

[22] Powell M J. An efficient method for finding the minimum of a function of several variables without calculating derivatives [J]. The Computer Journal, 1964, 7 (2): 155 -162.

[23] Karnopp D C. Random search techniques for optimization problems [J]. Automatica, 1963, 1 (2 - 3): 111 - 121.

[24] Bekey G A, Masri S F. Random search techniques for optimization of nonlinear systems with many parameters [J]. Mathematics & Computers in Simulation, 1983, 25 (3): 210 - 213.

[25] Pronzato L, Walter E, Venot A, et al. A general - purpose global optimizer: Implimentation and applications [J]. Mathematics & Computers in Simulation, 1984, 26 (5): 412 - 422.

[26] Chambcrs J M. Non - linear parameter estimation [M]. Academic Press, 1975.

[27] Dawdy D R, O'Donnell T. Mathematical models of catchment behavior [J]. Journal of the Hydraulics Division, 1965, 91: 123 - 137.

[28] Nash J E, Sutcliffe J V. River flow forecasting through conceptual models part I — A discussion of principles [J]. Journal of Hydrology, 1970, 10 (3): 282 - 290.

[29] Chapman T. G. Optimization of a rainfall - runoff model for an arid zone catchment [C] //Symposium on the Results of Research on Representative and Experimental Basins, Int. Assoc. of Sci. and Hydrol, 1970, 96: 126 - 144.

[30] Sorooshian S, Gupta V K, Fulton J L. Evaluation of maximum likelihood parameter estimation techniques for conceptual rainfall - runoff models: Influence of calibration data variability and length on model credibility [J]. Water Resources Research, 1983, 19 (1): 251 - 259.

[31] Sorooshian S, Dracup J A. Considerations of stochastic properties in parameter estimation of hydrologic rainfall - runoff models [M]. Engineering Systems Department,

School of Engineering and Applied Science, University of California, 1978.

[32] Hendrickson J, Sorooshian S, Brazil L E. Comparison of Newton - type and direct search algorithms for calibration of conceptual rainfall - runoff models [J]. Water Resources Research, 1988, 24 (5): 691 - 700.

[33] Gupta V K, Sorooshian S. The automatic calibration of conceptual catchment models using derivative - based optimization algorithms [J]. Water Resources Research, 1985, 21 (4): 473 - 485.

[34] Fletcher R, Powell M J D. A rapidly convergent descent method for minimization [J]. Computer Journal, 1963, 6 (6): 163 - 168.

[35] Boughton W C. New simulation technique for estimating catchment yield [J]. 1965.

[36] Sorooshian S, Dracup J A. Stochastic parameter estimation procedures for hydrologie rainfall - runoff models: Correlated and heteroscedastic error cases [J]. Water Resources Research, 1980, 16 (2): 430 - 442.

[37] Sorooshian S, Arfi F. Response surface parameter sensitivity analysis methods for postcalibration studies [J]. Water Resources Research, 1982, 18 (5): 1531 - 1538.

[38] Duan Q, Sorooshian S, Gupta V. Effective and efficient global optimization for conceptual rainfall - runoff models [J]. Water Resources Research, 1992, 28 (4): 1015 - 1031.

[39] 张洪刚，郭生练，王才君，等．概念性流域水文模型参数优选技术研究 [J]. 武汉大学学报工学版，2004，37 (3)：18 - 22.

[40] Wang Q J. The genetic algorithm and its application to calibrating conceptual rainfall - runoff Models [J]. Water Resources Research, 1991, 27 (9): 2467 - 2471.

[41] Vandewiele G L, Xu C Y, Ni - Lar - Win. Methodology and comparative study of monthly water balance models in Belgium, China and Burma [J]. Journal of Hydrology, 1992, 134 (1 - 4): 315 - 347.

[42] Glover F. Tabu Search - Part I [J]. Informs Journal on Computing, 1989, 1 (1): 89 - 98.

[43] Glover F. Tabu Search - part 1 and 2 [J]. Orsa Journal on Computing, 1989.

[44] Holland J H. Adaptation in natural and artificial systems [M]. University of Michigan Press, 1975.

[45] Duan Q. A global optimization strategy for efficient and effective calibration of hydrologic models [D]. The University of Arizona, 1991.

[46] Kennedy J, Eberhart R. Particle swarm optimization [C]. Proceedings of IEEE International Conference on Neural Networks, 1995, 4: 1942 - 1948.

[47] Zhang X, Du Y, Qin Z, et al. A Modified Particle Swarm Optimizer [M]. Springer Berlin Heidelberg, 2005.

[48] 张利彪，周春光，马铭，等．基于粒子群算法求解多目标优化问题 [J]. 计算机研究与发展，2004，41 (7)：1286 - 1291.

[49] Ho S L, Yang S, Ni G, et al. A particle swarm optimization - based method for multiobjective design optimizations [J]. Magnetics IEEE Transactions on, 2005, 41 (5): 1756 - 1759.

[50] 江燕，胡铁松，桂发亮，等．粒子群算法在新安江模型参数优选中的应用 [J]. 武汉大学学报工学版，2006，39 (4)：14-17.

[51] Hopfield J J，Tank D W. "Neural" computation of decisions in optimization problems [J]. Biological Cybernetics，1985，52 (3)：141-152.

[52] Vanino P L. Arsenige Säure und Kaliumpermanganat [J]. Analytical and Bioanalytical Chemistry，1895，34 (1)：426-431.

[53] 陈华根，吴健生，王家林，等．模拟退火算法机理研究 [J]. 同济大学学报（自然科学版），2004，32 (6)：802-805.

[54] Glover F. Tabu Search：A Tutorial [J]. Interfaces，1990，20 (4)：74-94.

[55] 苑希民．神经网络和遗传算法在水科学领域的应用 [M]. 北京：中国水利水电出版社，2002.

[56] FRANCHINI M. Use of a genetic algorithm combined with a local search method for the automatic calibration of conceptual rainfall-runoff models [J]. Hydrological Sciences Journal/journal Des Sciences Hydrologiques，1996，41 (1)：21-39.

[57] FRANCHINI M，GALEATI G. Comparing several genetic algorithm schemes for the calibration of conceptual rainfall-runoff models [J]. Hydrological Sciences Journal，2009，42 (3)：357-379.

[58] 毛学文．基因算法及其在水文模型参数优选中的应用 [J]. 水文，1993 (5)：22-26.

[59] Wang Q J. Using genetic algorithms to optimise model parameters [J]. Environmental Modelling & Software，1997，12 (1)：27-34.

[60] 谭炳卿．水文模型参数自动优选方法的比较分析 [J]. 水文，1996 (5)：8-14.

[61] 南京大学数学系计算数学专业．数值逼近方法 [M]. 北京：科学出版社，1978.

[62] 杨晓华，陆桂华．混合加速遗传算法在流域模型参数优化中的应用 [J]. 水科学进展，2002，13 (3)：340-344.

[63] 金菊良，杨晓华，储开凤，等．加速基因方法在最大流量频率曲线参数估计中的应用 [J]. 四川大学学报（工程科学版），1997 (4)：27-33.

[64] Cheng C T，Ou C P，Chau K W. Combining a fuzzy optimal model with a genetic algorithm to solve multi-objective rainfall-runoff model calibration [J]. Journal of Hydrology，2002，268 (1-4)：72-86.

[65] 陆桂华，郦建强，杨晓华．水文模型参数优选遗传算法的应用 [J]. 水利学报，2004，35 (2)：50-56.

[66] 王建群，卢志华，哈布哈琪．求解约束非线性优化问题的群体复合形进化算法 [J]. 河海大学学报自然科学版，2001，29 (3)：46-50.

[67] Kuczera G. Efficient subspace probabilistic parameter optimization for catchment models [J]. Water Resources Research，1997，33 (1)：177-185.

[68] 宋星原，舒全英，王海波，等．SCE-UA、遗传算法和单纯形优化算法的应用 [J]. 武汉大学学报工学版，2009，42 (1)：6-9.

[69] 李致家．水文模型的应用与研究 [M]. 南京：河海大学出版社，2008.

[70] 李致家，周轶，哈布·哈其．新安江模型参数全局优化研究 [J]. 河海大学学报（自然科学版），2004，32 (4)：376-379.

[71] Kennedy J. The particle swarm: social adaptation of knowledge [C] //IEEE International Conference on Evolutionary Computation, 1997.

[72] 江燕，胡铁松，桂发亮，等．粒子群算法在新安江模型参数优选中的应用 [J]. 武汉大学学报工学版，2006，39 (4)：14－17.

[73] 江燕，刘昌明，胡铁松，等．新安江模型参数优选的改进粒子群算法 [J]. 水利学报，2007，38 (10)：1200－1206.

[74] 朱良山，宋星原．混沌粒子群算法在新安江模型参数优选中的应用 [J]. 中国农村水利水电，2009 (1)：20－22.

[75] 张文明，董增川，朱成涛，等．基于粒子群算法的水文模型参数多目标优化研究 [J]. 水利学报，2008，39 (5)：20－26.

[76] Dorigo M, Maniezzo V, Colorni A. Ant system: optimization by a colony of cooperating agents. [J]. IEEE Transactions on Systems Man & Cybernetics Part B Cybernetics A Publication of the IEEE Systems Man & Cybernetics Society, 1996, 26 (1): 29.

[77] Abbaspour K C, Schulin R, Genuchten M T V. Estimating unsaturated soil hydraulic parameters using ant colony optimization [J]. Advances in Water Resources, 2001, 24 (8): 827－841.

[78] Dorigo M, Stützle T. The Ant Colony Optimization Metaheuristic: Algorithms, Applications, and Advances [C] //New Ideas in Optimization, 1999.

[79] 岳佳佳，庞博，徐宗学，等．蚁群算法在黑河上游 VIC 模型参数校正中的应用 [J]. 北京师范大学学报（自然科学版），2016，52 (3)：297－302.

[80] Liu B, Wang L, Jin Y H, et al. Improved particle swarm optimization combined with chaos [J]. Chaos Solitons & Fractals, 2005, 25 (5): 1261－1271.

[81] 武新宇，程春田，赵鸣雁．基于并行遗传算法的新安江模型参数优化率定方法 [J]. 水利学报，2004，35 (11)：85－90.

[82] Franchini M, Galeati G. Comparing several genetic algorithm schemes for the calibration of conceptual rainfall－runoff models [J]. Hydrological Sciences Journal, 2009, 42 (3): 357－379.

[83] Gupta H V, Sorooshian S, Yapo P O. Status of Automatic Calibration for Hydrologic Models: Comparison With Multilevel Expert Calibration [J]. Journal of Hydrologic Engineering, 1999, 4 (2): 135－143.

[84] Goswami M, O′connor K M. Comparative assessment of six automatic optimization techniques for calibration of a conceptual rainfall－runoff model [J]. Hydrological Sciences Journal, 2007, 52 (3): 432－449.

[85] Diskin M H, Simon E. A procedure for the selection of objective functions for hydrologic simulation models [J]. Journal of Hydrology, 1977, 34 (1): 129－149.

[86] Green I R A, Stephenson D. Criteria for comparison of single event models [J]. Hydrological Sciences Journal, 1986, 31 (3): 395－411.

[87] 包为民．新安江模型参数的自动率定 [J]. 河海大学学报，1986 (4)：22－30.

[88] Fenicia F, Mcdonnell J J, Savenije H H G. Learning from model improvement: On the contribution of complementary data to process understanding [J]. Water Resources Research, 2008, 44 (6): 196－200.

[89] Boyle D P, Gupta H V, Sorooshian S. Toward improved calibration of hydrologic models: Combining the strengths of manual and automatic methods [J]. Water Resources Research, 2000, 36 (12): 3663-3674.

[90] Yu P S, Yang T C. Fuzzy multi-objective function for rainfall-runoff model calibration [J]. Journal of Hydrology, 2000, 238 (1-2): 1-14.

[91] Li X Y, Weller D E, Jordan T E. Watershed model calibration using multi-objective optimization and multi-site averaging. [J]. Journal of Hydrology, 2010, 380 (3-4): 277-288.

[92] Duan Q, Sorooshian S, Gupta V. Effective and efficient global optimization for conceptual rainfall-runoff models [J]. Water Resources Research, 1992, 28 (4): 1015-1031.

[93] Bao W, Zhang X, Zhao L. Parameter estimation method based on parameter function surface [J]. Science China Technological Sciences, 2013: 1-14.

[94] 包为民，张小琴，赵丽平. 基于参数函数曲面的参数率定方法 [J]. 中国科学：技术科学，2013 (9): 94-106.

[95] Gupta H V, Sorooshian S, Yapo P O. Toward improved calibration of hydrologic models: Multiple and noncommensurable measures of information [J]. Water Resources Research, 1998, 34 (4): 751-763.

[96] Yen J, Liao J C, Lee B, et al. A hybrid approach to modeling metabolic systems using a genetic algorithm and simplex method [J]. Systems, Man, and Cybernetics, Part B: Cybernetics, IEEE Transactions on, 1998, 28 (2): 173-191.

[97] Gupta H V, Bastidas L A, Sorooshian S, et al. Parameter estimation of a land surface scheme using multicriteria methods [J]. Journal of Geophysical Research, 1999, 104 (D16): 19491-19503.

[98] Xia Y, Pitman A J, Gupta H V, et al. Calibrating a land surface model of varying complexity using multicriteria methods and the Cabauw dataset [J]. Journal of Hydrometeorology, 2002, 3 (2): 181-194.

[99] Vrugt J A, Gupta H V, Bouten W, et al. A shuffled complex evolution metropolis algorithm for optimization and uncertainty assessment of hydrologic model parameters [J]. Water Resources Research, 2003, 39 (8).

[100] Gupta H V, Wagener T, Liu Y. Reconciling theory with observations: elements of a diagnostic approach to model evaluation [J]. Hydrological Processes, 2008, 22 (18): 3802-3813.

[101] Schaefli B, Gupta H V. Do Nash values have value? [J]. Hydrological Processes, 2007, 21 (15): 2075-2080.

[102] Gupta H V, Kling H, Yilmaz K K, et al. Decomposition of the mean squared error and NSE performance criteria: Implications for improving hydrological modelling [J]. Journal of Hydrology, 2009, 377 (1-2): 80-91.

[103] Gupta H V, Kling H. On typical range, sensitivity, and normalization of Mean Squared Error and Nash-Sutcliffe Efficiency type metrics [J]. Water Resources Research, 2011, 47 (10): 125-132.

[104] Li Q, BAO W, ZHANG B O, et al. Conceptual hierarchical calibration of the Xinanjiang model [J]. IAHS - AISH Publication, 2011: 690 - 697.

[105] Zhao C, Hong H S, Bao W M, et al. Robust recursive estimation of auto - regressive updating model parameters for real - time flood forecasting [J]. Journal of Hydrology, 2008, 349 (3): 376 - 382.

[106] 赵超，包为民，王叶琴，等．河段汇流参数抗差估计研究 [J]. 河海大学学报（自然科学版），2006 (1): 14 - 17.

[107] 包为民，嵇海祥，胡其美，等．抗差理论及在水文学中的应用 [J]. 水科学进展，2003 (4): 428 - 432.

[108] 包为民．具有有色噪声的模型参数估计 [J]. 水利学报，1991 (12): 47 - 52.

[109] 包为民，李倩，李偲松，等．基于灵敏度的条件目标函数构建方法研究 [J]. 水力发电学报，2013 (2): 27 - 34.

[110] Bao W, Li Q. Estimating selected parameters for the XAJ model under multicollinearity among watershed characteristics [J]. Journal of Hydrologic Engineering, 2011, 17 (1): 118 - 128.

[111] 李倩，包为民，陆赛凤，等．基于傅里叶级数频率分解的汇流参数确定方法初探 [J]. 水电能源科学，2011 (2): 7 - 9.

[112] Ju Q, Yu Z, Hao Z, et al. Division - based rainfall - runoff simulations with BP neural networks and Xinanjiang model [J]. Neurocomputing, 2009, 72 (13): 2873 -2883.

[113] Bao W, Zhao L. Application of linearized calibration method for vertically - mixed runoff model parameters [J]. Journal of Hydrologic Engineering, 2014.

[114] 赵丽平，包为民，张坤．新安江模型参数的线性化率定 [J]. 吉林大学学报（地球科学版），2014 (1): 301 - 309.

[115] 包为民，司伟，瞿思敏．非线性函数参数的线性化率定方法 [J]. 计算力学学报，2013 (2): 236 - 241.

[116] 包为民，张坤，王红艳，等．参数线性化率定方法在 HBV - IWS 模型中的应用 [J]. 水利学报，2013 (10): 1210 - 1216.

[117] 张坤，包为民，赵丽平，等．基于参数线性化率定法的 HBV 模型的优化算法及应用 [J]. 水电能源科学，2013 (9): 8 - 11.

[118] 包为民，赵丽平，王金忠，等．垂向混合产流模型参数的线性化率定 [J]. 水力发电学报，2014, 33 (4): 85 - 91.

[119] Bao W, Li Q, Qu S. An efficient calibration technique under the irregular response surface [J]. Journal of Hydrologic Engineering, 2012.

[120] Spendley W, Hext G R, Himsworth F R. Sequential application of simplex designs in optimisation and evolutionary operation [J]. Technometrics, 1962, 4 (4): 441 -461.

[121] Duan Q Y, Gupta V K, Sorooshian S. Shuffled complex evolution approach for effective and efficient global minimization [J]. Journal of optimization theory and applications, 1993, 76 (3): 501 - 521.

[122] Duan Q, Sorooshian S, Gupta V K. Optimal use of the SCE - UA global optimization

method for calibrating watershed models [J]. Journal of Hydrology, 1994, 158 (3): 265 -284.

[123] Saltelli A, Chan K, Scott E M. Sensitivity analysis [M]. New York: Wiley, 2000.

[124] Van Griensven A, Meixner T, Grunwald S, et al. A global sensitivity analysis tool for the parameters of multi - variable catchment models [J]. Journal of hydrology, 2006, 324 (1): 10 - 23.

[125] 王佩兰. 三水源新安江流域模型的应用经验 [J]. 水文, 1982 (5): 24 - 31.

[126] Nielsen S A, Hansen E. Numerical simulation of the rainfall - runoff process on a daily basis [J]. Hydrology Research, 1973, 4 (3): 171 - 190.

[127] Célleri R, Timbe L, Vázquez R F, et al. Assessment of the relation between the NAM rainfall - runoff model parameters and the physical catchment properties [J]. HIP - VI UNESCO Technical Documents in Hydrology, 2003, 66: 9 - 16.

[128] Anh N. L., Boxall J., Saul A., et al. P. An evaluation of three lumped conceptual rainfall - runoff models at catchment scale [C]. Sheffield, UK: The 13th World Water Congress, 2008.

[129] 张洪斌, 李兰, 赵英虎, 等. HBV 模型的改进与应用 [J]. 中国农村水利水电, 2008 (12): 70 - 72.

[130] 张俊, 郭生练, 李超群, 等. 概念性流域水文模型的比较 [J]. 武汉大学学报(工学版), 2007 (02): 1 - 6.

[131] 赵彦增, 张建新, 章树安, 等. HBV 模型在淮河官寨流域的应用研究 [J]. 水文, 2007 (2): 57 - 59.

[132] Bergstrom S. Development and application of a conceptual runoff model for Scandinavian catchments [R]. MHI Rep. RHO 7, Swed. Meteorol. and Hydrol. Inst., Norrkoping, Sweden, 1976.

[133] Harlin J. Development of a process oriented calibration scheme for the HBV hydrological model [J]. Hydrology Research, 1991, 22 (1): 15 - 36.

[134] Bergström S. The HBV model: Its structure and applications [M]. Swedish Meteorological and Hydrological Institute, 1992.

[135] Harlin J, Kung C. Parameter uncertainty and simulation of design floods in Sweden [J]. Journal of hydrology, 1992, 137 (1): 209 - 230.

[136] Bergström S, Singh V P. The HBV model [J]. Computer models of watershed hydrology, 1995: 443 - 476.

[137] Seibert J. Estimation of parameter uncertainty in the HBV model [J]. Hydrology Research, 1997, 28 (4 - 5): 247 - 262.

[138] Zhang X, Lindström G. Development of an automatic calibration scheme for the HBV hydrological model [J]. Hydrological Processes, 1997, 11 (12): 1671 - 1682.

[139] Driessen T, Hurkmans R, Terink W, et al. The hydrological response of the Ourthe catchment to climate change as modelled by the HBV model [J]. Hydrology and Earth System Sciences, 2010, 14 (4): 651 - 665.